A Beginner's Guide to 3D Printing

3D 打印
趣味入门指南

15 个简单项目带你走近 3D 建模与制作

[美] Mike Rigsby 著   MBot3D Team 译

人民邮电出版社

北京

图书在版编目（CIP）数据

3D打印趣味入门指南：15个简单项目带你走近3D建模与制作 /（美）里格斯比（Rigsby, M.）著；铭展科技译. -- 北京：人民邮电出版社，2016.1
（爱上3D打印）
ISBN 978-7-115-40159-5

Ⅰ. ①3… Ⅱ. ①里… ②铭… Ⅲ. ①立体印刷—印刷术—指南 Ⅳ. ①TS853-62

中国版本图书馆CIP数据核字(2015)第275208号

版权声明

内 容 提 要

本书是体验3D设计和制作的理想教学资源，适合零基础的爱好者阅读学习。本书中的3D建模采用大众最常用的免费软件Autodesk 123D，读者可以轻松跟随书中的制作步骤进行实践。15个简单的项目从易到难带你学习3D打印的基础知识，每个项目还附带另一款广受欢迎的免费软件SketchUp的操作步骤。项目包括发酵粉潜水艇、可扩展轨道的火车、多零件组成的飞机、橡皮筋动力小汽车、青蛙眼推力玩具等。

- ♦ 著　　　[美] Mike Rigsby
- 译　　　MBot3D Team
- 责任编辑　李　健
- 执行编辑　马　涵
- 责任印制　周昇亮
- ♦ 人民邮电出版社出版发行　　北京市丰台区成寿寺路 11 号
  邮编　100164　　电子邮件　315@ptpress.com.cn
  网址　http://www.ptpress.com.cn
  北京隆昌伟业印刷有限公司印刷
- ♦ 开本：800×1000　1/16
  印张：16.75　　　　　　　　　2016 年 1 月第 1 版
  字数：248 千字　　　　　　　2016 年 1 月北京第 1 次印刷
  著作权合同登记号　图字：01-2015-4675 号

定价：59.00 元
读者服务热线：(010)81055339　印装质量热线：(010)81055316
反盗版热线：(010)81055315
广告经营许可证：京崇工商广字第 0021 号

译者序

2009 年，我第一次接触 3D 打印，当年我即与合伙人一起成立了 Magicfirm 铭展科技。我们选址在老厂房创意园，与合伙人一起兴奋激动地调试第一台工业级 3D 打印机，使用它打印了第一个极具个性化的游戏玩偶。

两年后一次偶然的机会，一位资深澳大利亚 RepRap 爱好者找到了我们，请我们为其打印制作 RepRap Mendel 的塑料部件，自此我们开始接触第一台 RepRap 开源 3D 打印机。而真正让我们对个人 3D 打印机深入学习和研究的是 MakerBot 的开源机型 Thing-O-Matic 个人 3D 打印机。从此，我们开始踏上研发制造桌面级 3D 打印机的道路。我们希望创造一个全新 3D 打印机品牌 MBot 3D，M 就是 Magicfirm。

说到个人 3D 打印机的发展，MakerBot 的领袖地位是毋庸置疑的，是它引领了个人 3D 打印的一次革命，也正是个人 3D 打印机的发展推动了整个社会对 3D 打印的关注。

近期，在 Magicfirm 与浙江大学创新中心共同创办青少年 3D 打印创新教育品牌"TEACH 创新学园"的过程中，我们惊讶于孩子们的创意与天才。目前，3D 打印已经列入英美小学生的课程表中，但国内面向中小学生的 3D 打印教程仍寥寥无几，这本书正好填补了此类书籍的空白，以图文并茂的形式，由简单到复杂，手把手地教你设计 15 件有趣的日常小玩具。无论是让小朋友自己动手，还是在家长或老师的带领下，都可以一起来体验 3D 打印的创作乐趣，学习简单的物理和几何知识。

由于译者水平有限，错误或纰漏之处在所难免，望广大读者指正。诚挚邀请您通过关注我们的两个微信公众号铭展科技（微信号：Magicfirm）和 MBot 3D（微信号：mbot3d）与我们交流，也欢迎大家来我们的免费数字模型分享社区——我爱 3D（http://www.woi3d.com）寻找更多有趣的 3D 打印模型数据。

最后，感谢参与翻译的 MBot3D Team 同事的辛勤工作。

Magicfirm 铭展 CEO　金涛

目　录

3D 打印的使命就是让脑袋中的构思变成物理实物。

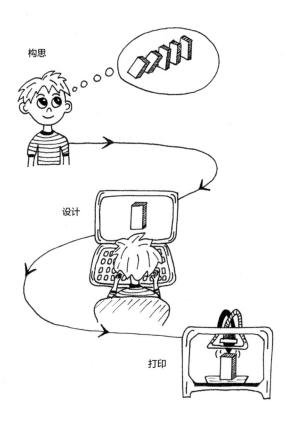

构思

设计

打印

　想要在计算机上设计三维立体模型，那就动手吧。1 台 3D 打印机，1 款免费设计软件，1 分钟之内就能完成你的首个作品。

　环顾四周，你会发现大多数物体的形状都可以概括为：在盒子或者罐子上凿几个洞，或者嫁接一些组件。你也能打印出这些东西来。

想要创新？迈出下一步，你就能搞定啦。这就像学徒学习的过程——熟能生巧，一步步地完成 15 件玩具的设计。无论你的目标是打印玩具、制作物品还是学习 3D 打印技术，通过这些案例，你将掌握创作和编辑三维立体模型的技能。

消费级（或者说，经济实惠型）3D 打印机有点像计算机控制的热胶枪，通过挤出热塑料，层层叠加建成立体实物。最常用的塑料材料是 ABS（也就是乐高玩具的材料）和 PLA（生物降解塑料）。PLA 打印机无需加热床或温控室，很容易掌握。

昂贵的商用打印机采用金属、食品或生物材料进行打印。其核心技术——激光烧结专利（美国专利号 5,597,589）在 2014 年到期，从而开启了 3D 打印机打印速度、成本、质量和材料性能的改进之门。

打印是一个费时的过程。一枚装饰性戒指需要 10 到 15 分钟。类似于纸张打印机，一台 3D 打印机可根据输出要求，进行不同的打印设置。如果模型没有太多细部结构，可以加快打印速度。打印模型内部可设为中空（0% 填充率）、实心（100% 填充率）或者介于两者之间的填充值。本书中涉及的所有项目，只需采用打印机默认设置即可。

如果你不打算购置打印机，那么可以花点小钱，通过其他途径将计算机中生成的模型文件制作成物理实物。有些图书馆向读者提供 3D 打印机。Autodesk 123D Design 软件自带"发送至 3D 打印网页服务"（Send to 3D Print Web Service）按钮。商用 3D 打印服务机构（在浏览器中搜索"3D 打印服务"）甚至可以用银材料进行打印。全球成千上万的用户在 www.3dhubs.com 网站接单打印服务，你可以去那里寻找一台就近的打印机。

下载软件

开始学习前，你需要先下载并安装免费设计软件：123D Design（www.123dapp.com/design）或者 SketchUp（www.sketchup.com），根据操作系统选择 Windows 或 Mac 版本。本书中案例的详细操作指南采用 123D Design。根据提示，在计算机上安装上述软件。

这两款软件都支持 Windows 和 Mac 操作系统。我在 Windows 笔记本计算机（大型购物广场里最便宜的笔记本计算机）安装 123D Design，在 Mac 笔记本计算机上安装 SketchUp。但这两款软件应该能兼容两种操作系统。Windows 和 Mac 的软件版本可能略有差异，或者今后软件升级，造成软件设置稍有不同。若出现此类情况，请找到同名或相似名称的那个选项。

安装 SketchUp 的用户，有两项额外的配置任务。安装完毕，打开软件。单击"选择模板"（Choose Template），选择"木工—mm"（Wood-working—Millimeters），然后单击"开始使用 SketchUp"（Start Using SketchUp）（模板选项在对话框的右下角）。

以下步骤只需执行 1 次。找到屏幕上方从右边数起第 2 个按钮（SketchUp 扩展程序），鼠标左键单击此按钮。在右上角白色文本框中输入 STL。左键单击文本框右侧的红色放大镜。在结果列表中，单击 SketchUp STL。下一操作界面中，选择"安装"按钮（Install）。然后单击"接受"按钮（Accept）。单击"安装"（Install）按钮，等待即可。

　　本书中所有项目的模型文件可免费从 www.MisterEngineer.com 下载。更多免费模型可从 www.Thingiverse.com 获取，该模型分享网站拥有的设计文件超过 100 000 件。

　　译者注：可从 http://www.sketchup.com/download/all 下载 SketchUp 简体中文版。

项目 1

多米诺骨牌

这是一个入门项目，帮你掌握 3D Design 的基本操作。通过 123D Design 创建多米诺骨牌，你将用到 1 个立方块，然后设定多米诺骨牌的尺寸。

在基本体（Primitives）里找到立方体（Box）。

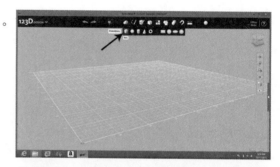

单击此按钮。屏幕上就出现了 1 个立方体。将光标移动到屏幕左下角。

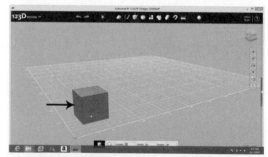

输入 8，然后按下键盘的 Tab 键。输入 50，然后按下 Tab 键。输入 25。按回车键。此时，创建了一个 8mm×50mm×25mm 的立方体。

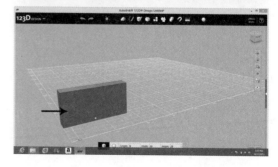

　　将光标移动到左上角的"123D"图标处，会
显示 1 个下拉菜单。找到"导出 STL"（Export
STL），准备打印你的第 1 个项目。

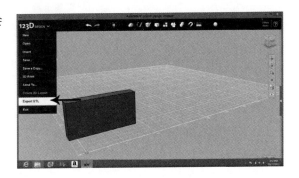

　　文件命名为"方块"，后缀会自动显示为 .stl。现在，你可以把"方块 .stl"文件发送至你的 3D 打印机，
等待多米诺骨牌的诞生。这就是所谓的"打印"文件，它由 3D 打印机能够读懂的语言编写而成。

　　为了便于今后进行修改，保存设计文件。移动光标到"123D"图标处，在下拉菜单里选择"保存"
（Save）。

　　打印多米诺骨牌。

用 SketchUp 设计多米诺骨牌

该入门项目也可采用 SketchUp 进行设计。先新建文件。在"相机"（Camera）菜单中，下拉选中"标准视图"（Standard Views），然后单击"前视图"（Front）。

找到"形状"（Shape）图标，并单击。下拉菜单，单击"矩形"（Rectangle）。

将光标移动到红蓝线交汇点。按住左键不放，向右移动光标，略微偏上。输入 50 和 25，按回车键。释放鼠标左键。

单击"缩放"（Zoom）图标。将光标移动到矩形处。转动鼠标滚轮，让矩形几乎撑满整个工作区域。

移动光标至"推 / 拉"（Push/Pull）图标处，单击左键。

光标移入矩形内，停留在底部附近。按住鼠标左键不放，略微向上移动。输入 8，按下回车键。然后释放鼠标。

找到"选择"（Select）图标（左侧第 1 个按钮），单击左键。单击"编辑"（Edit），然后下拉单击"全选"（Select All）。

回到顶部菜单，单击"文件"（File），然后下拉单击"导出 STL"（Export STL）。导出的文件即可打印多米诺骨牌。

若要保存设计文件，选中"文件"（File），然后单击"保存"（Save）。

不停转动的纽扣

制作不停转动的纽扣，需要先绘制一个圆形，然后加厚，凿 2 个洞。

首先，光标移动到"草图"（Sketch）图标处。

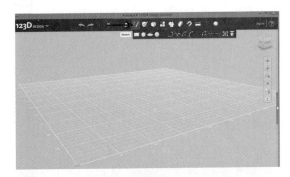

在下拉菜单中，移动光标到"圆"（Circle）。

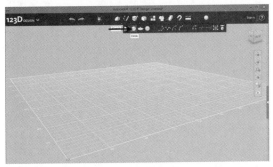

单击左键，然后光标移动到网格处。

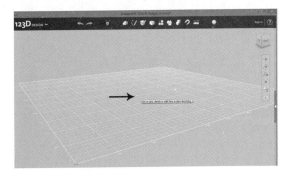

双击左键。第 1 次单击时，会留下打勾记号。第 2 次单击时，生成一个小点。

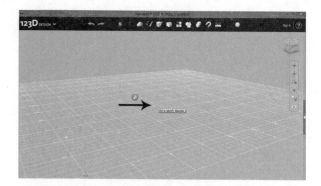

移动光标。会弹出文本框，提示你"单击输入直径。"（Click to specify diameter.）

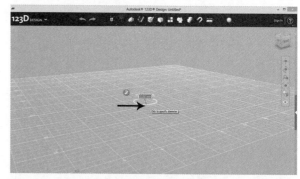

输入 50。文本框中会显示 50。

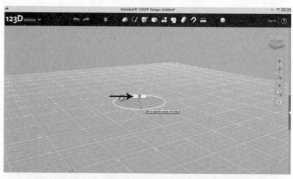

单击左键。将光标移动到窗口顶部的"构建"（Construct）图标。

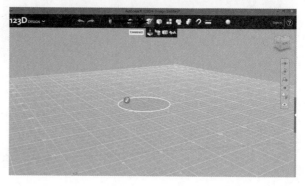

在下拉菜单中找到"挤出"（Extrude），也就是位于下拉菜单最左边的那个图标。

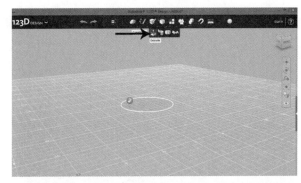

单击"挤出"（Extrude）后，刚才的打勾记号就不见了。

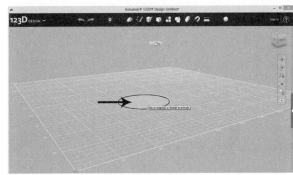

光标移入圆内。

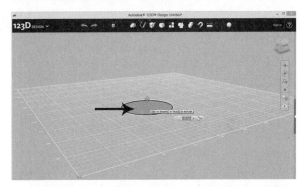

在圆内单击鼠标左键，会弹出文本框，显示"0.00mm"。输入 3，文本框中会显示相应数值"3"。单击左键。

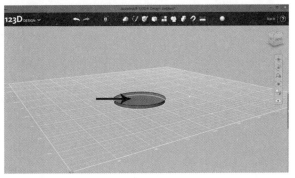

将光标移动到屏幕右上角，置于立方体图标的顶部。该立方体显示的是观察方向。

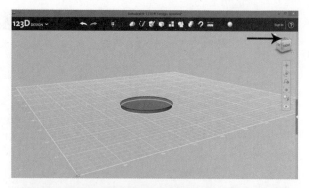

单击此处后，可俯视纽扣。

光标移动到屏幕顶部的"草图"（Sketch）图标上。

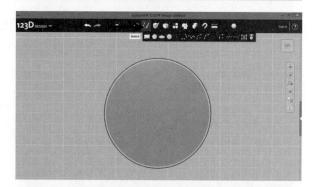

在下拉菜单中找到"圆"（Circle）图标。

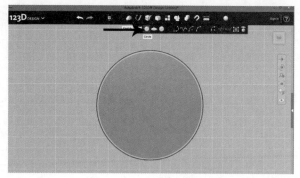

　　单击鼠标左键，向下移动光标至圆内。圆形中央有个小点。从圆心开始向右移动光标，至网格线交界处。

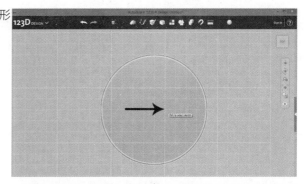

　　双击鼠标左键，然后移动光标。此时，会弹出 1 个显示数字的文本框。

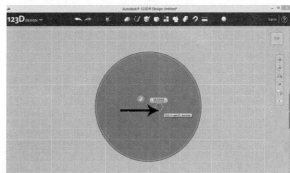

　　输入 3，文本框中显示相应数字。这就是 1 个纽扣洞的直径。

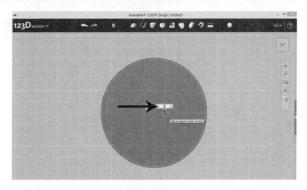

　　单击鼠标左键。将光标移至窗口顶部的"构建"（Construct）图标。

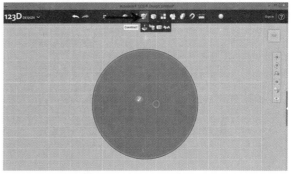

在下拉菜单中找到"挤出"（Extrude）图标。

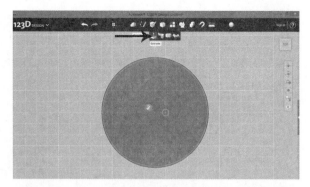

单击左键。

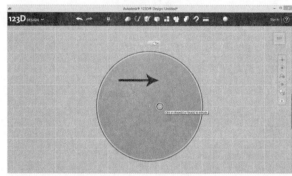

光标移入小圆内，单击左键。

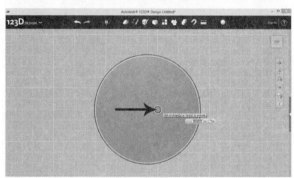

输入 -3，单击左键。"-"即负号用于在纽扣中凿洞。如果输入 -2 再单击，那只能砸出 1 个坑，无法形成穿透纽扣的孔。如果输入 3 再单击，那么纽扣会向外长出 1 个小圆柱体。

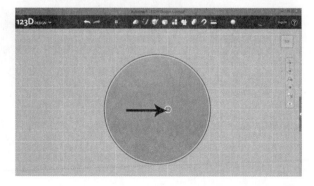

光标移动到窗口顶部的"草图"（Sketch）
图标。

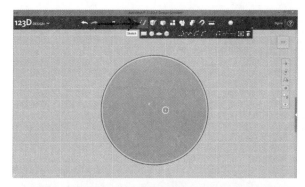

在下拉菜单中找到"圆"（Circle）图标。

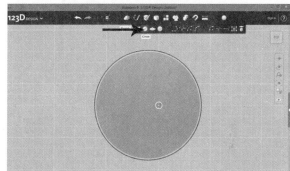

单击左键。移动光标至大圆内，圆心左
侧第 1 个网格线交界处。

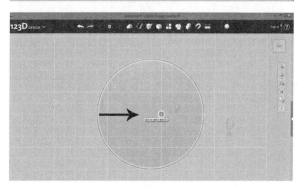

双击左键，然后轻微移动光标。

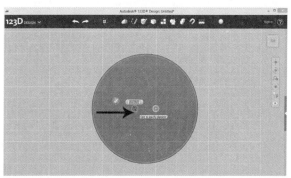

输入 3，文本框中显示相应的数字"3"。单击鼠标左键。

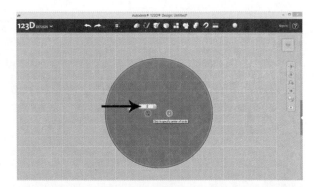

将光标移动到"构建"（Construct）图标。

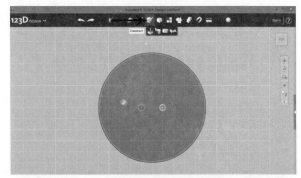

在下拉菜单中找到"挤出"（Extrude）图标。

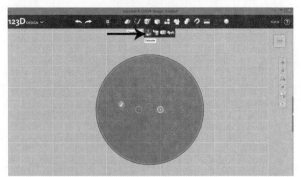

单击鼠标左键。然后移动光标至大圆内。

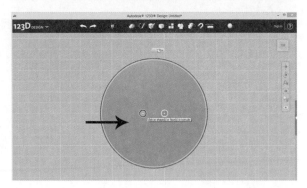

移动光标至左侧小圆，单击鼠标左键。输入 -3 后，文本框中显示相应的数字"-3"。

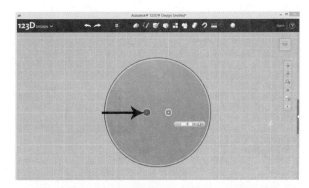

单击鼠标左键。

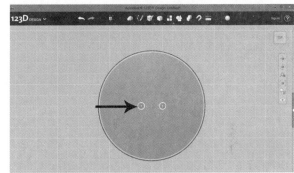

移动光标到右上角的立方体图标处。当光标接近立方体时，立方体左上角会出现 1 个小房子。单击小房子。

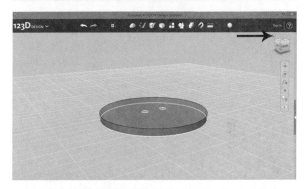

光标移动到窗口左上角的"123D"处。

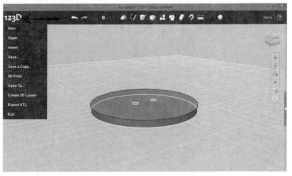

单击下拉列表中的"导出 STL"（Export STL），保存文件，用于打印。

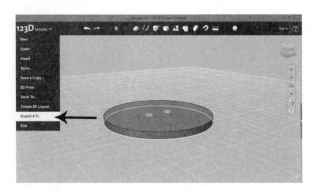

若要保存设计文件，则移动光标到屏幕左上角的"123D"处，下拉选择"保存"（Save）。

找一根 1m（约 3 英尺）长的线，穿过纽扣的小孔。

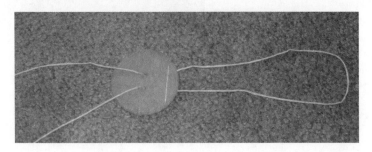

将线的两头打结。现在，拿住纽扣两侧的线头，将纽扣转动 20 圈。然后，轻轻地拉动绳子，再放松，如此反复，纽扣便会不停地转动。

用 SketchUp 设计纽扣

创建纽扣的第一步，找到屏幕顶部从左数起的第 5 个图标（"形状"按钮）。单击此按钮。下拉菜单中找到"圆"，单击左键。将圆拖到红绿蓝线交汇点。按住左键不放，略微移动光标。你会看到右下角的文本框显示"半径"及数字。输入 25，按回车键。释放左键。移动光标到屏幕顶部的放大镜图标（右起第 6 个），单击此按钮。将放大镜置于圆形处。转动鼠标滚轮，放大圆形。

移动光标至屏幕上方左起第 6 个按钮（"推 / 拉"），并单击。将光标移入圆内（此时，圆内会布满小黑点）。按住左键不放，并向下拖动光标。当右下角文本框（"距离"）显示为"3.0mm"时，松开左键。现在，1 枚有厚度的纽扣已经初步做成。

开始凿洞。单击屏幕顶部中间的"卷尺工具"图标。把光标移至红蓝绿线交汇点。当小点位于红绿蓝线交汇点时，单击左键。沿着红线向右移动小点，待长度（右下角文本框）显示为"5.0mm"时，单击左键。你会注意到红线上有了 1 个小黑点。将光标移动到屏幕顶部的"形状 / 圆"处，单击。移动圆心，与红线上的小黑点重合。单击左键，移动光标，直至半径（右下角文本框）显示为"1.5mm"时，再次单击左键。在屏幕顶部找到"推 / 拉"图标（左起第 6 个按钮），然后单击。移动光标，直至小圆布满黑点。按住左键不放，向下拖动光标。当距离（右下角文本框）显示为"-3.0mm"时，释放左键。

再挖 1 个孔。用"卷尺工具"在距离圆心 5mm 的左侧标记 1 个点。使用"形状 / 圆"工具，将圆心与记号点重合，创建 1 个 1.5mm 半径的圆。使用"推 / 拉"工具，向下拉 3mm，完成第 2 个洞。

回到图标菜单栏，单击左侧第 1 个按钮（也就是 1 个箭头）。在窗口顶部的文字菜单里，找到"编辑"，下拉单击"全选"。此时，纽扣的各个面都会布满小黑点。

大功告成。单击顶部菜单栏的"文件"。在下拉列表中，选择"导出 STL"。生成的 STL 文件可在 3D 打印机进行打印。

若要保存设计文件，选择"文件"，然后单击"保存"。

戒指

设计戒指的过程中，需要绘制 1 个圆形，然后加厚，挖出手指粗细的洞。为了让戒指更加美观精致，还要绘制装饰性形状，厚度与戒指相等。

先将光标移动到"基本体"（Primitives），然后在下拉菜单中找到圆柱体（Cylinder）图标。

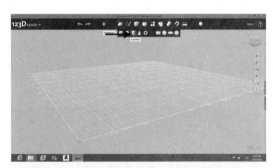

单击左键，将圆柱体拖曳到网格上。

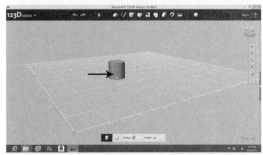

屏幕底部"半径"（Radius）文本框中会高亮显示数字。输入 11，按下 Tab 键。此时，高亮显示的是"高度"（Height）。输入 5，按下回车键。

这时，你会看到底部的文本框消失了。

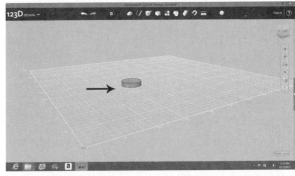

移动光标到屏幕右上角，指向立方体的上表面（此时，上表面应会高亮显示）。

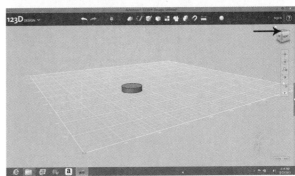

单击左键。将光标移动到"草图"（Sketch）图标处，找到下拉菜单中的"曲线"（Spline）图标。

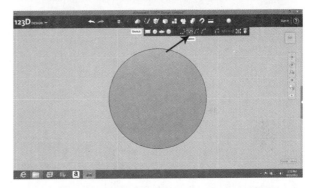

单击左键。然后移动光标，刚好进入圆圈内（这时，圆圈内部几乎成透明状）。

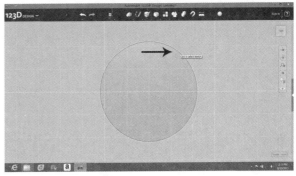

双击左键，确定自由曲线的第 1 个点。

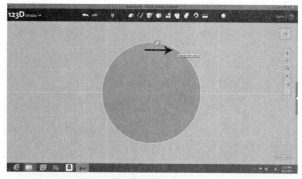

将光标移出圆圈，单击左键。

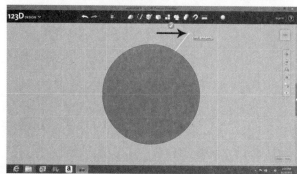

向右移动光标，在你觉得适合的地方，再单击鼠标左键。

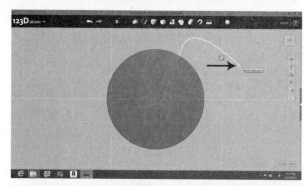

将自由曲线重新收回圆圈内，然后单击左键。

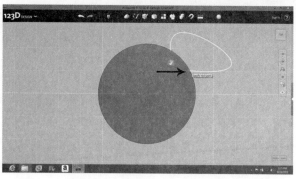

光标回到起始点，单击左键。你绘制的
不规则形状将显示为浅灰色。

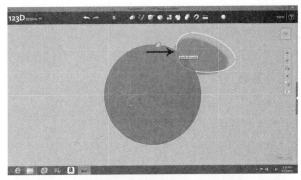

移动光标到"构建"（Construct）图标，
在下拉菜单中找到"挤出"（Extrude）按钮。

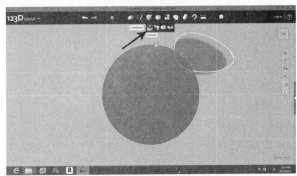

单击左键。然后将光标移入刚画的不规
则形状内。

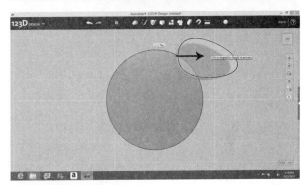

单击左键。此时会弹出 1 个文本框，高
亮显示"0.00mm"。输入 -5，然后移动
光标到数字右侧。

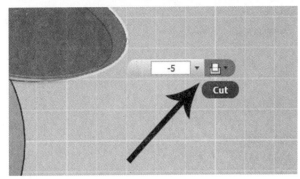

该处显示下拉菜单,单击"合并"(Merge)。这一步操作是在添加形状,而非挖除。

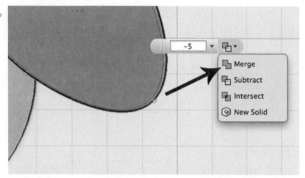

按下回车键。为了与原有的 5mm 厚圆柱体高度一致,创建了 1 个 5mm 厚的新形状。

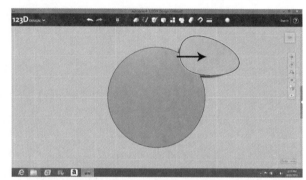

将光标移动到"草图"(Sketch)图标处,找到下拉菜单中的"圆"(Circle)按钮。

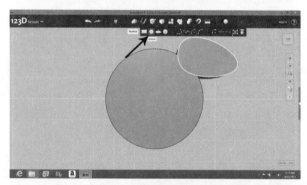

单击左键,然后移动光标到圆心处。双击光标后,略微移动光标。

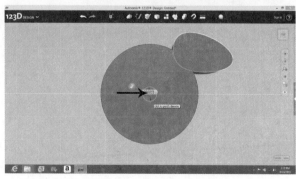

输入 18，可见高亮显示的文本框中出现相应数值（自动绘制出 1 个直径 18mm 的圆圈）。

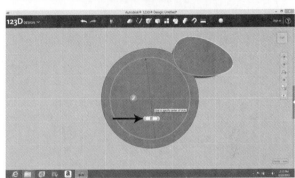

单击左键，提示框由"设置直径"（specify diameter）变为"设置圆心"（specify center of circle）。

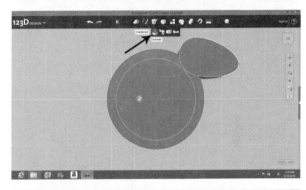

移动光标至"构建"（Construct）图标，在下拉菜单中找到"挤出"（Extrude）按钮。

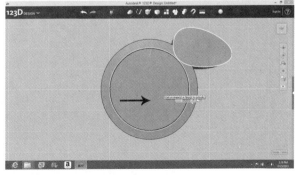

单击左键。然后将光标移动到刚画的圆圈内，单击左键。

输入 –5（光标附近的输入框中会显示相应数值）。按下回车键。

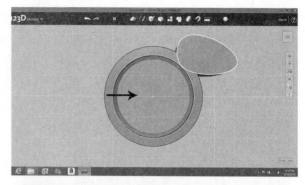

移动光标至左上角的"123D"图标处，单击下拉列表中的"导出 STL"（Export STL），保存文件，用于打印。

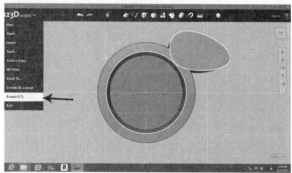

准备打印戒指咯。通过打印机的"放大 / 缩小"（Enlarge/Reduce）功能调整戒指大小，以适合手指佩戴。

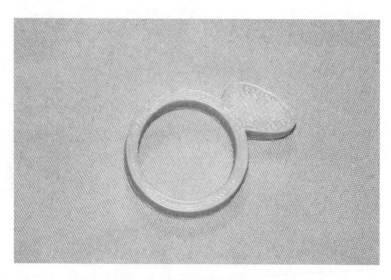

若要保存设计文件，则移动光标到左上角的"123D"图标处，在下拉列表中选择"保存"（Save）。

用 SketchUp 设计戒指

　　创建戒指的第 1 步，找到屏幕上方左起第 5 个按钮（"形状"），单击此按钮。然后单击下拉菜单中的"圆"，将圆形拖曳到红绿蓝线交汇处。按住左键不放，略微移动光标。此时，右下角将出现 1 个文本框显示"半径"及数字。输入 11，按回车键。松开左键。将光标移动到屏幕顶部的放大镜图标（右起第 6 个）上，然后单击。将放大镜置于圆形处。转动鼠标滚轮放大圆形。

　　将光标移动到屏幕顶部左起第 6 个按钮（"推 / 拉"），然后单击。移动光标到圆圈内（此时，圆内会布满小黑点），按住左键不放，同时向下滑动。当右下角文本框（"距离"）显示为"5.0mm"时，松开左键。

　　找到屏幕顶部左起第 5 个图标（"形状 / 圆"）（说明："形状"菜单包括矩形、圆和多边形。书中所写的"形状 / 圆"是指，如果当前正处在矩形状态，那么在形状下拉菜单中选择"圆"。书中写到"形状 / 矩形"是指，如果当前正处在圆形状态，那么在形状下拉菜单中选择"矩形"）。单击此按钮后，将圆形拖曳到红绿蓝线交汇点。按住左键不放，略微移动光标。此时，右下角文本框显示"半径"及数字。输入 9，按回车键。释放左键。

　　移动光标至屏幕顶部，左起第 6 个图标（"推 / 拉"），单击此按钮。光标移入圆圈内（此时，圆圈会布满小黑点）。按住鼠标左键不放，并向下滑动。当右下角文本框（"距离"）显示为"-5.00mm"时，松开左键。指环部分就完成啦。接着为戒指加点装饰物吧。

　　找到左起第 3 个图标（"直线"），单击其下拉菜单中的"手绘线"（Freehand）。将光标移动到指环顶部的边缘处。按住左键不放，任意绘制形状。待曲线重回指环边缘时，松开光标。刚刚绘制的曲线内会显示为白色。

　　光标移至屏幕顶部左起第 6 个图标（"推 / 拉"），并单击。然后移动光标至刚画的形状内（此时，该形状内部会布满小黑点）。按住左键不放，向下滑动。当右下角文本框（"距离"）显示为"5.0mm"时，释放鼠标左键。

　　回到图标菜单栏，单击左起第 1 个按钮（箭头）。然后单击顶部文字菜单栏的"编辑"，在下拉列表中找到"全选"。单击此处。此时，戒指的各个面都会布满小黑点。

　　在顶部菜单栏选中"文件"，然后单击下拉菜单中的"导出 STL"。这份文件就可以用来打印你设计的这枚戒指咯。

　　若要保存设计文件，选择"文件"，然后单击"保存"。

项目 4

盒子和盖子

本章节中，你要设计 1 只海盗宝箱和 1 只椭圆形的盒子。会用到立方体形状，然后加厚，挖洞。盖子跟盒子形状一致，盖子下方的盖唇能扣实盒子内壁。

海盗宝箱

先来设计海盗宝箱。在"基本体"（Primitives）下拉菜单中，找到"立方体"（Box）。单击此按钮。

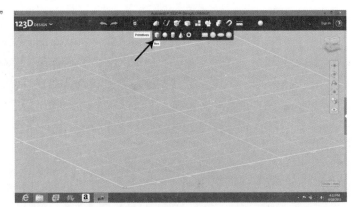

将立方体拖到网格上（不要单击鼠标）。

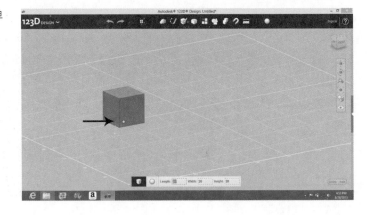

输入 60 后，屏幕底部的"长度"（Length）文本框显示相应值。按下 Tab 键。输入 45 后，"宽度"（Width）文本框显示相应数字。按下 Tab 键。输入 35 后，"高度"（Height）文本框显示相应数字。

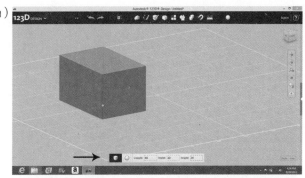

按回车键，然后移动光标至右上角的立方体图标，停留在其上表面。

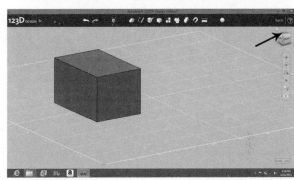

单击左键，出现俯视图。

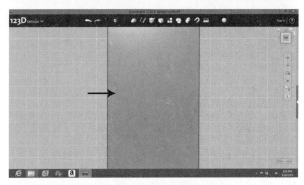

移动光标到草图（"Sketch"），找到下拉菜单中的"矩形"（Rectangle）。单击此处。

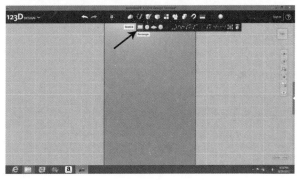

光标重回高亮矩形处。从高亮矩阵的左下角开始，向上移动 5mm，再向右移动 5mm，光标停留在此处。

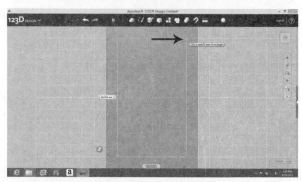

双击左键，然后向矩形右上角移动光标。下方会出现高亮文本框。输入 35，按 Tab 键。然后输入 50，上方文本框中会显示相应数字。

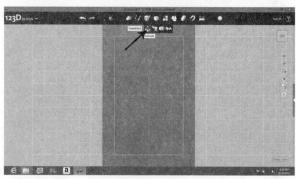

单击后，移动光标到"构建"（Construct），在下拉菜单中找到"挤出"（Extrude）。

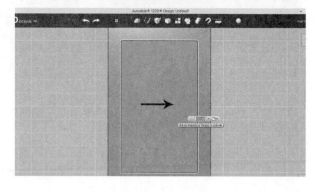

单击此按钮。然后，光标移动至刚画的矩形内。再次单击鼠标左键。

输入 −30，可在文本框中看到相应数字。向右移动光标，会看见下拉列表处文字显示为"裁减"（subtract）。通常，软件会猜出你的心思。"裁减"（Subtract）的意思是"挖个洞"，而"合并"（Merge）是"在外部添加"。为了理解这两种操作，建议你先动手试一试（如果想要这个矩形向外凸起，那么输入30——不要输入负号，此时数字旁边的文字显示为"合并"）。

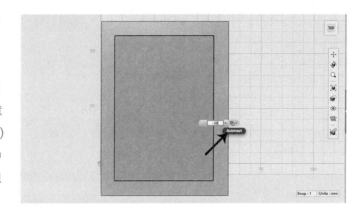

按回车键，然后光标移动到左上角的"123D"图标处。在下拉列表中找到"导出 STL"（Export STL）。单击并保存文件，以便打印。若要保存设计文件，则将光标移动到123D 图标处，在下拉列表中找到"保存"（Save）。然后，按提示进行操作即可。

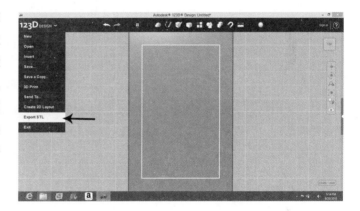

海盗宝箱盖

现在，该给海盗宝箱设计个盖子了。先新建项目，然后光标移动到右上角的立方体上表面。

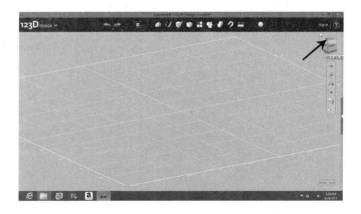

单击后，移动光标到"草图"（Sketch），
然后找到下拉菜单中的"三点圆弧"（Three
Point Arc）。

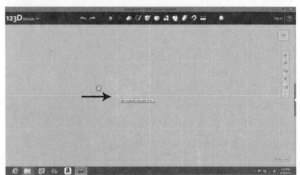

单击后，向下移动光标至网格。双击
鼠标。

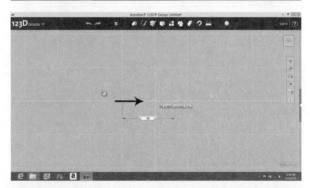

向右水平移动光标——注意保持一条直
线，不要上下抖动。此时会出现 1 个高亮文
本框。输入 40。

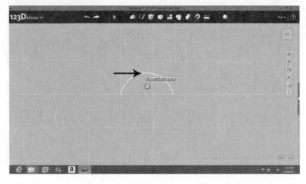

单击鼠标，然后向上移动 3 个网格
（15mm）。

单击鼠标左键。移动光标至"草图"（Sketch），然后在下拉菜单中找到"多段线"（Polyline）。

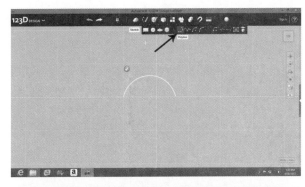

单击按钮后，将光标移至圆弧左端点。双击左键。

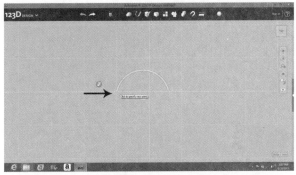

向右移动光标，至圆弧右端点。高亮文本框中数字应显示为"40.000mm"。

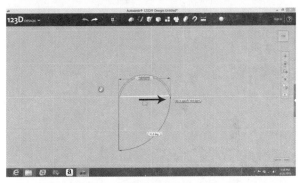

单击左键，然后移动光标到"构建"（Construct）。在下拉菜单中找到"挤出"（Extrude）。

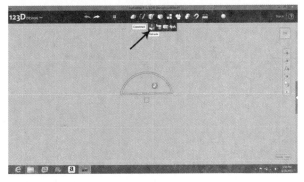

单击左键后，光标返回到半圆内。

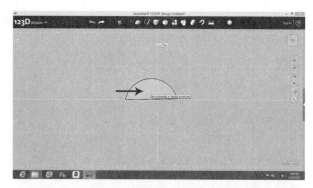

单击半圆。输入 60，文本框中会显示该数值。

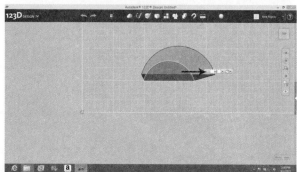

按回车键，文本框即不再显示。

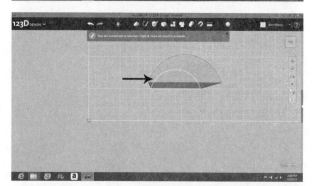

移动鼠标到右上角立方体处。当光标接近该区域时，左上角会显示 1 个小房子。

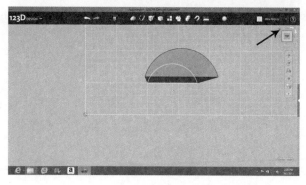

单击小房子。将光标移向立方体的"前"
（Front）面。

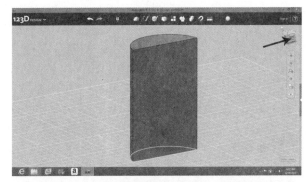

单击左键。然后移动光标到"草图"
（Sketch），在下拉菜单中找到"矩形"
（Rectangle）。

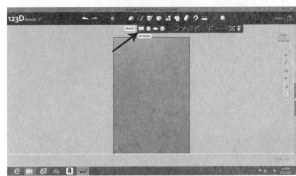

单击鼠标左键后，从矩形左下角开始，
向右移动6mm，向上移动6mm。然后双击。

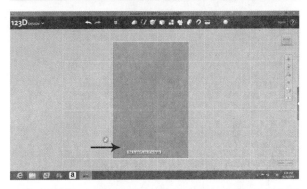

向右上角移动光标。上方文本框会高亮
显示。输入48，按下Tab键。输入28，
下方文本框会显示相应数字。之前盒子内挖
去的矩形为50mm×30mm；而现在制作
的盖子卡口是48mm×28mm，因此可以
轻松盖上。

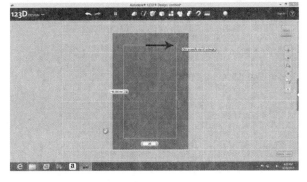

单击左键，移动光标到"构建"（Construct）。然后在下拉菜单中找到"挤出"（Extrude）。

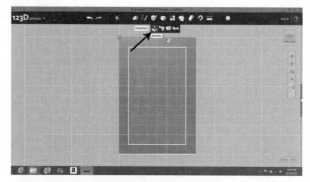

单击鼠标左键，然后移动到矩形内。

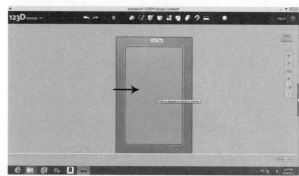

单击左键。

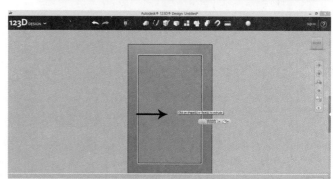

输入 5，文本框中会显示相应数字。光标移动到文本框右侧，会看见文字"合并"（Merge）。也就是说，这个矩形会添加到盖子上。

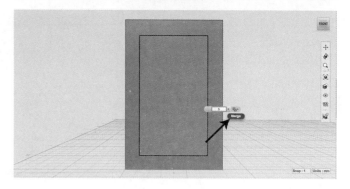

按回车键。光标移动到左上角的"123D"图标处。在下拉列表中，找到"导出 STL"（Export STL），保存文件，以便打印。若要保存设计文件，移动光标到左上角的"123D"处，然后在下拉列表中单击"保存"（Save）。

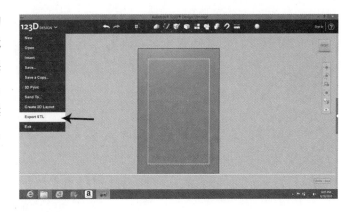

椭圆盒子

设计椭圆盒子时，会用到椭圆形，然后加厚，挖去 1 个椭圆形的洞。盖子同盒子的形状一致，卡口部分略小于椭圆盒子内部空间。

先新建项目。在"基本体"（Primitives）下拉菜单中找到"椭圆"（Ellipse）。

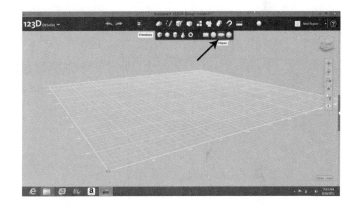

单击鼠标左键后，将椭圆向下拖动到网格上。

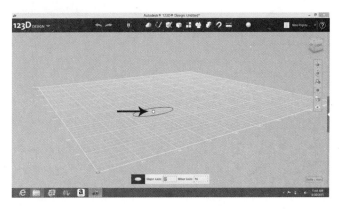

输入 30，可在"长轴"（Major Axis）
文本框中看到该值。按下 Tab 键，在"短轴"
（Minor Axis）中输入 20。如此设计的盒子
长 60mm，宽 40mm。

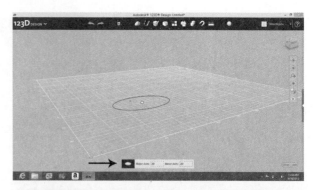

单击左键，然后移动光标到"构建"
（Construct），在下拉菜单中找到"挤出"
（Extrude）。

单击此按钮后，移动光标到椭圆内并
单击。

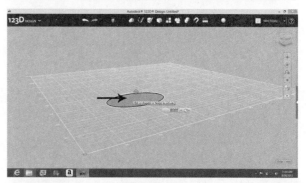

输入 35 后，椭圆被加厚。

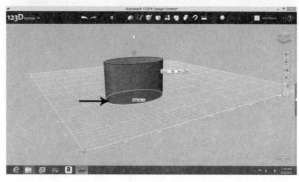

按回车键。

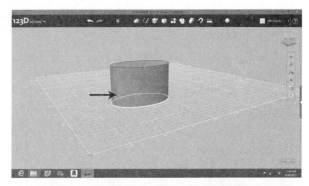

移动光标到右上角的小立方体上表面。

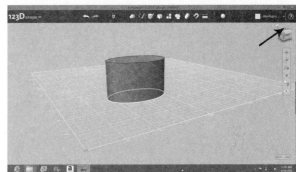

单击此处，切换为俯视图。移动光标到"基本体"（Primitives），然后在下拉菜单中找到"椭圆"（Ellipse）。

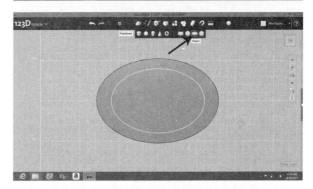

单击左键。然后移动新椭圆的圆心，与第 1 个椭圆的圆心重合。

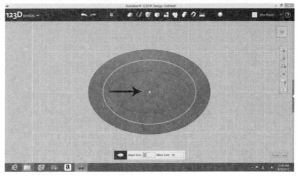

输入 25，然后按 Tab 键。输入 15。
这一步操作是在设置盒子内空间的大小。

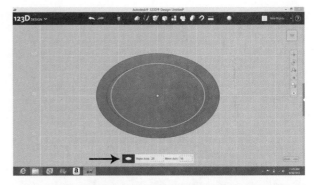

按回车键。

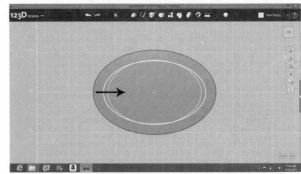

移动光标到"构建"（Construct），
在下拉菜单中找到"挤出"（Extrude）。

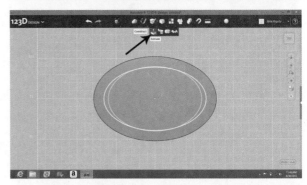

单击鼠标左键，然后移动光标到椭圆内。
单击左键。

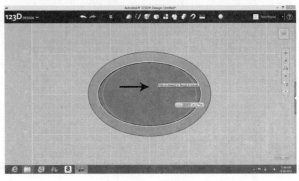

输入 30。此时，如果移动光标到显示数字的文本框右侧，会出现文字"裁剪"（Subtract）。

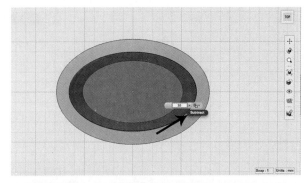

按回车键。然后移动光标到左上角的"123D"图标处。在下拉菜单里，单击"导出 STL"（Export STL），以保存文件，进行打印。

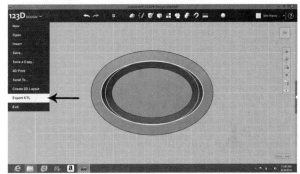

若要保存设计文件，将光标移动到左上角"123D"处，下拉选择"保存"（Save）。

椭圆盒盖

现在来制作盒盖，你会用到 1 个椭圆形（形状同盒子完全一致），然后加厚。中间一部分区域会被抬高，面积略小于盒子内空间直径，以便盖子恰好咬合。

新建项目后，移动光标到"基本体"（Primitives），在下拉项中找到"椭圆"（Ellipse）。

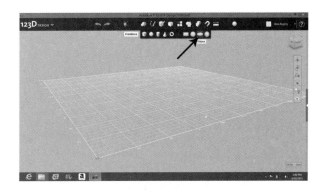

单击此按钮，然后将椭圆向下拖到网格上。

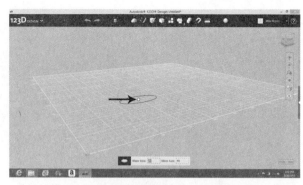

输入 30，按 Tab 键，再输入 20。

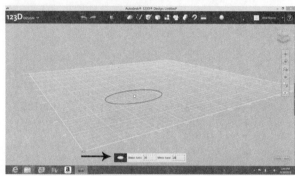

按回车键，然后移动光标到"构建"（Construct），下拉项中找到"挤出"（Extrude）。

单击该按钮后，光标移动到椭圆内，并单击左键。

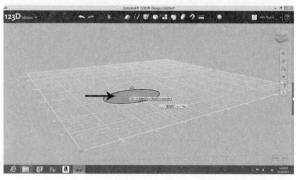

输入 5。

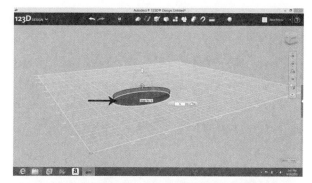

按回车键，然后移动光标到右上角的小
立方体上表面。

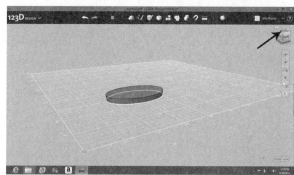

单击此处后，移动光标至"基本体"
（Primitives），在下拉项中找到"椭圆"
（Ellipse）。

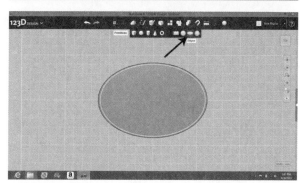

单击该按钮。移动新椭圆，与第 1 个椭
圆的圆心重合。

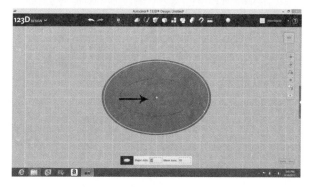

输入 24，然后按 Tab 键。输入 14。这一步为你的盒盖设计了"盖唇"（24mm×14mm），面积略小于盒内空间（制作盒子时挖去部分为 25mm×15mm）。

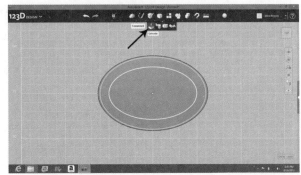

按回车键，然后移动光标到"构建"（Construct），在下拉项中找到"挤出"（Extrude）。

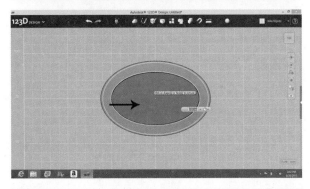

单击此按钮。将光标移动到椭圆内，并单击左键。

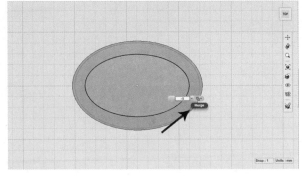

输入 -5，以抬高椭圆。此时，若移动光标到文本框右侧，你会看见文字"合并"（Merge），即这部分会被添加到盖子上。在按回车键之前，先检查一下显示的文字是"合并"（Merge）还是"裁剪"（Subtract），因为文本框中输入正数和负数时，系统自动显示的操作有时候并非如你所愿。

按回车键，然后移动光标到左上角的"123D"图标处。在下拉菜单中，选择"导出 STL"（Export STL）保存文件，用于打印。

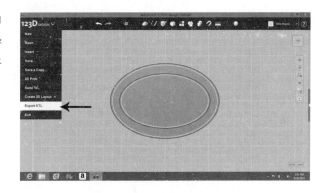

若要保存设计文件，移动到左上角的"123D"处，下拉选择"保存"（Save）。

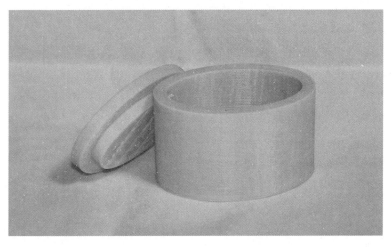

如果想要制作嵌套盒子，用打印机自带的放大 / 缩小功能打印多个不同尺寸的盒子。下图中的盒子分别以 22%、36%、60%、100%、165% 的比例打印而成。

用 SketchUp 设计盒子

海盗宝箱

设计海盗宝箱，先单击顶部菜单的"相机"，在下拉项中选择"标准视图"。在标准视图中，单击"顶视图"。选中"形状"图标（左起第 5 个），然后在下拉菜单中找到"矩形"。单击此按钮。将光标移动到屏幕中央。按住左键不放，移动指针。窗口右下角会显示"尺寸"。输入 60,40（无需移动光标），按回车键。松开左键。

单击"缩放"图标（右起第 6 个）。回到工作区域，转动鼠标滚轮，待矩形撑满⅓屏幕。找到"推 / 拉"图标（左起第 6 个），单击左键。指针移入矩形内，停留在上部⅓处。按住鼠标不放并向下滑动。输入 35，"距离"文本框中会显示相应数值。按回车键。松开鼠标。

找到"卷尺工具"（右起第 11 个）并单击。将指针移动到矩形左下角，然后单击。略微向右移动光标。

输入 5，然后按回车键。将卷尺工具的光标移动到刚确定的那个小点处。单击左键。笔直向上移动卷尺工具。输入 5，按回车键。此时会形成 1 条虚线，左下角附近有个小点。

光标移动到"形状 / 矩形"图标，然后单击左键。将蓝点光标移动到上一步创建的小点处。按住鼠标左键不放，向右上角轻微移动光标。输入 50,30，按回车键。然后松开左键。这块区域就是将被挖去的"洞"。

单击"推 / 拉"图标（左起第 6 个）。向下移动光标，移入小矩形的上部⅓区域内。此时，小矩形内布满小黑点。按住鼠标左键不放，同时略微向下移动。输入 30，按回车键。松开鼠标左键。找到"选择"图标（左手第 1 个），并单击。

单击顶部菜单的"编辑"，在下拉菜单中找到"全选"，单击此按钮。

选中顶部菜单的"文件"，然后下拉项中单击"导出 STL"。保存的文件即可用于打印海盗宝箱。

若要保存设计文件，选择"文件"，然后单击"保存"。

海盗宝箱盖

先新建文件。单击"相机"，下拉项中找到"标准视图"。选择"右视图"然后单击。将光标移动到"圆弧"（左起第 4 个）。在下拉菜单中选择"两点弧线"，并单击。移动光标到各条线的交汇点。按住左键不放，并向右移动光标。输入 40（ 右下方文本框会显示相应数值 ），按回车键。释放鼠标左键，然后向上移动。输入 15，按回车键。

使用"缩放"工具（右起第 6 个图标），转动鼠标滚轮，将圆弧撑满⅓屏幕。将指针移动到"直线"图标（左起第 3 个），然后在下拉菜单中选择"直线"，并单击。光标移动到圆弧左端点。当指针位于圆弧左端点时，该点会显示为绿色——此时，单击鼠标左键。向右移动光标，直至圆弧右端点变为绿色。单击左键。

光标移至"推 / 拉"图标（左起第 6 个），并单击。将指针移入圆弧内。可见圆弧内布满小黑点。按住左键不放，并向下拖动。输入 60，按回车键。松开鼠标。

回到顶部菜单，"相机"，然后下拉找到"标准视图"，选择"底视图"单击。

找到"卷尺工具"图标（从右数起第 11 个），并单击。将光标移动到左下角。左下角端点显示为绿色时，单击左键。向右移动光标。输入 6，按回车键。将卷尺工具光标移至刚标记的小点。单击左键。向上拉动卷尺工具。输入 6，按回车键。

单击"形状 / 矩形"图标（左起第 5 个）。移动蓝色向导指针，与刚才标记的点重合（蓝色指针会呈黑色）。按住鼠标左键不放，向右上角拖动光标。输入 48,28，按下回车键。松开鼠标左键。

找到"推 / 拉"图标（左起第 6 个），并单击。光标回到内矩形内（停留在靠上部分）。按住左键不放，并向上拉动光标。输入 5，按回车键。松开鼠标。

光标移动到"选择"图标（左起第 1 个），单击此处。找到"编辑"，然后下拉选择"全选"并单击。回到顶部菜单，选择"文件"，然后在下拉项中单击"导出 STL"。该文件可用于打印海盗宝箱盖子。若要保存设计文件，选择"文件"，然后单击"保存"。

椭圆盒子

先新建文件。选择"形状／圆"图标（左起第 5 个），并单击。将圆形放置在红蓝绿线交汇点。该点应会变成黄色。按住鼠标左键不放，向外拉动。输入 20，按回车键。松开鼠标。

找到"缩放"图标（右起第 6 个），单击此处后，将缩放图标移动到刚绘制的小圆处。转动鼠标滚轮，让圆形撑满 30% 的屏幕。

单击"推／拉"图标（左起第 6 个），然后将指针移动到圆内。按住左键不放，略微向下拖动光标。输入 35，然后按回车键。松开左键。

找到"形状／圆"（左起第 5 个），并单击。将指针小点移动至原点（即红蓝绿线交汇处）。此时，指针小点变成黄色。按住左键不放，略微移动光标。输入 15，按回车键。释放左键。

单击"推／拉"图标（左起第 6 个），然后将光标移动到小圆内。按住左键不放，略微向下移动光标。输入 30，然后按回车键。松开左键。

找到"选择"图标（左边第 1 个），并单击。将光标移动到"编辑"菜单，下拉找到"全选"，然后单击此处。

找到"相机"菜单，下拉项中选择"标准视图"。光标移至"顶视图"，然后单击。

找到"调整比例工具"（Scale）（左起第 10 个），并单击。将光标移动到右侧黄线处。缓缓地向下移动光标，待绿色小方块变红。按住左键不放，略微向右移动光标。输入 1.5,1，按回车键。释放左键。

回到顶部菜单，选择"文件"，然后在下拉项中单击"导出 STL"。该文件可用于打印椭圆盒子。

若要保存设计文件，选择"文件"，然后单击"保存"。

椭圆盒盖

先新建文件。选择"形状／圆"图标（左起第 5 个），并单击。将圆置于红蓝绿线交汇点。此时，该点应会变成黄色。按住左键不放，向外拉动光标。输入 20，按回车键。松开左键。

找到"缩放"图标（右起第 6 个），并单击。然后，将图标移动至刚绘制的小圆处。转动鼠标滚轮，让圆形充满 30% 的屏幕。

单击"推／拉"图标（左起第 6 个），然后将光标移动到圆内。按住鼠标左键不放，略微向下移动。输入 5，然后按回车键。松开左键。

　　找到"形状／圆"（左起第 5 个），并单击。将指针小点移动至原点（即红蓝绿线交汇处）。此时，小点变成黄色。按住鼠标左键不放，略微移动。输入 14，按回车键。释放鼠标。

　　单击"推／拉"图标（左起第 6 个），然后将光标移动到小圆内。按住鼠标左键不放，略微向上拖动。输入 5，然后按回车键。松开左键。

　　找到"选择"图标（左边第 1 个），并单击。将光标移动到"编辑"菜单，下拉找到"全选"，然后单击此处。

　　找到"相机"菜单，下拉项中选择"标准视图"。光标移至"顶视图"，然后单击。

　　找到"调整比例工具"（Scale）（左起第 10 个），并单击。将指针移动到右侧黄线处。缓缓地向下移动，待绿色小方块变红。按住鼠标左键不放，略微向右移动。输入 1.5,1，按回车键。释放左键。

　　回到顶部菜单，选择"文件"，然后在下拉项中单击"导出 STL"。该文件可用于打印椭圆盒盖。

　　若要保存设计文件，选择"文件"，然后单击"保存"。

项目 5

发酵粉潜水艇

在本章节中，你将设计一艘潜水艇，通过发酵粉（不是小苏打）和水相互作用使其升降。

潜水艇由两部分组成。其下半部分比水重。上半部分比水轻，因此潜水艇在水下亦能保持直立。水与发酵粉产生反应，生成的气泡正好位于潜水艇底下，能将船身托起。当潜水艇上浮至水面时，由于不稳定而开始翻转，随着气泡的减少，重新下降，周而复始。

潜水艇底座

先新建项目，将光标移动到右上角视图立方块的"顶视图"（Top）。

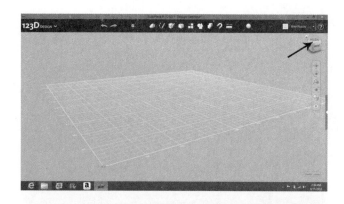

单击此处。移动光标到"草图"（Sketch）图标，在下拉项中找到"矩形"（Rectangle）。

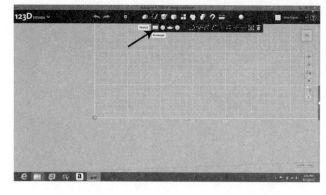

单击此按钮后，向网格左下方移动光标。

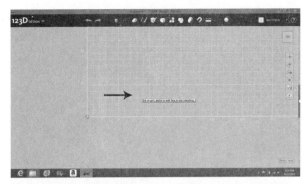

单击左键，然后移动光标到网格线（小方格）的交叉点。

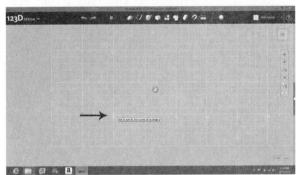

单击左键。略微向右上角移动光标。

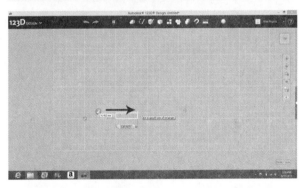

输入 80，下方文本框会显示相应数字。按 Tab 键，输入 15。

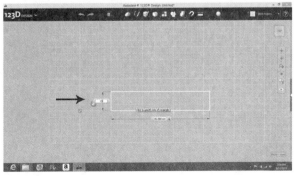

单击左键。将光标移动到"构建"（Construct），在下拉项中找到"挤出"（Extrude）。

单击此按钮后，将光标移动到矩形内部。

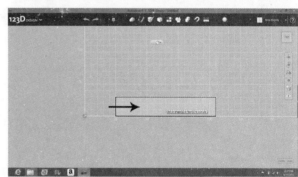

单击鼠标左键。

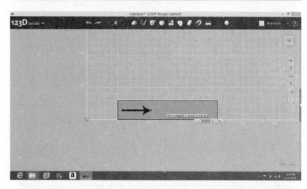

输入 -3。该对象将朝远离你的方向——即向下构建。

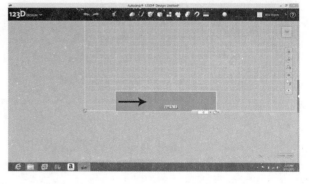

按回车键，然后将光标移动到右侧的"缩放"（Zoom）图标。

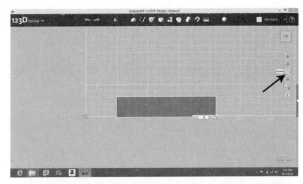

单击鼠标左键，然后移动至矩形正上方。

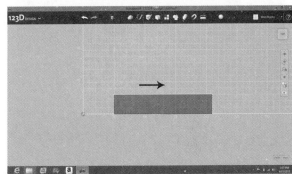

转动鼠标滚轮，使矩形高度达到6个方格。

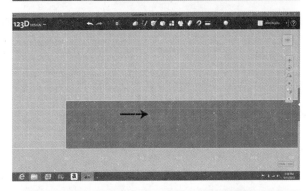

光标移动到"草图"（Sketch）图标，在下拉菜单中找到"圆"（Circle）。

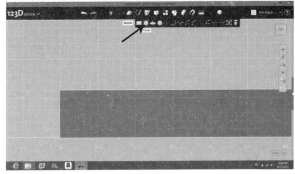

单击鼠标左键，然后移动到矩形内。

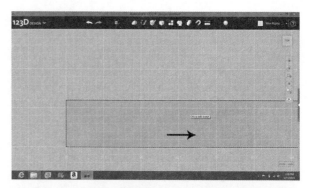

单击鼠标左键。光标移动到矩形中心
（左起第 16 个方格，底边向上数第 3 个
方格）。

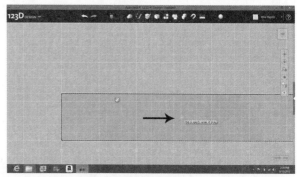

单击鼠标左键，然后略微移动。

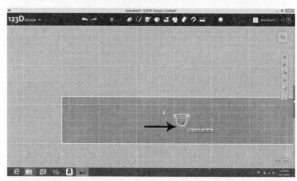

输入 24，该数字会显示在文本框中。
圆形也变大了。

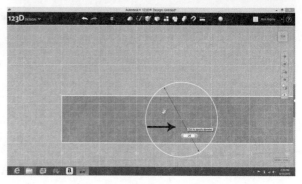

单击左键。光标移动至"构建"（Construct）图标，在下拉菜单中找到"挤出"（Extrude）。

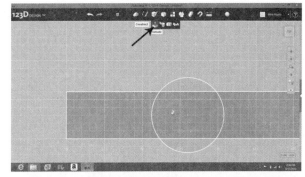

单击此按钮。移动光标到圆的下部（矩形底边外侧）。

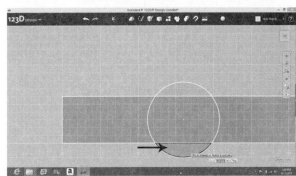

单击左键。光标移动至圆的中间部分，并单击。

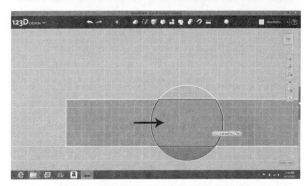

移动光标到圆的上部。单击此处。

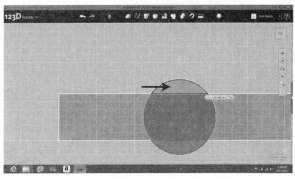

光标移动至文本框内（位于圆的右边）。单击左键。按键盘退格键，清除文本框内文字。

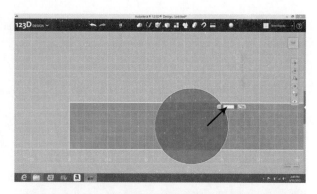

输入 8。

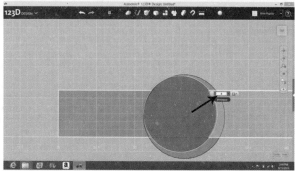

按回车键。

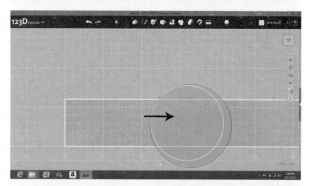

将光标移动到右上角的立方体，停留在文字"顶视图"（Top）处。

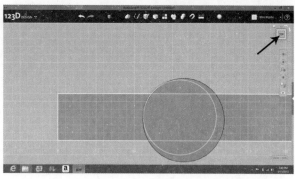

单击左键。这么做是为了从顶部看到正确的视图；否则很难找准圆心。

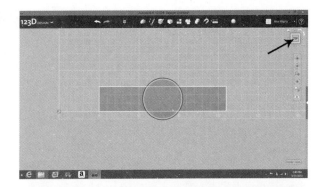

将光标移动到"草图"（Sketch）图标，在下拉项中选择"圆"（Circle）。

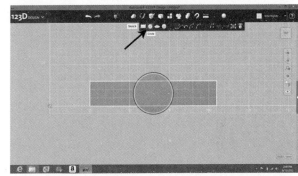

单击此按钮。光标移动到圆内。

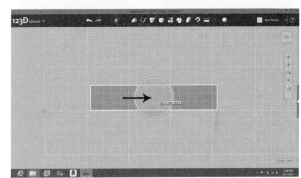

单击左键。光标移动至圆心（也就是中间的小白点）。单击鼠标左键，然后略微移动。

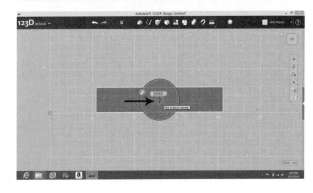

输入 7。

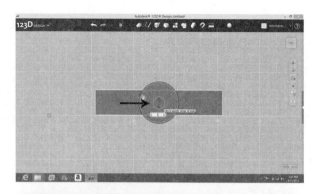

单击鼠标左键。然后移动到"构建"（Construct），在下拉项中选择"挤出"（Extrude）。

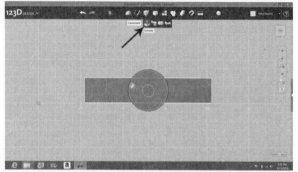

单击此按钮，然后光标下移至内圆。单击左键。

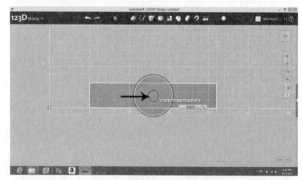

输入 -11，创建 1 个洞。

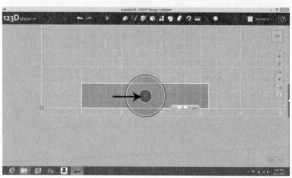

按回车键。将光标移动到"草图"（Sketch）图标，在下拉选中"圆"（Circle）。

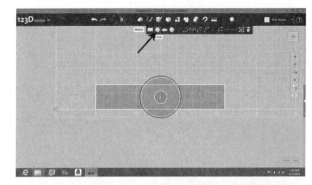

单击鼠标左键。然后移入内圆中。

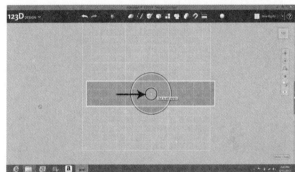

单击左键。移动光标，与圆心重合（白色中心点附近会显示一个小圆）。

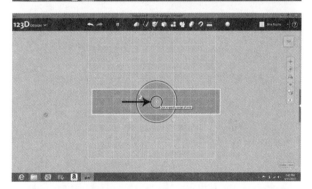

在此处单击左键。光标略微向圆心外拉动。

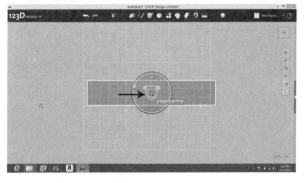

输入 10。

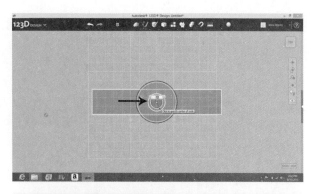

单击鼠标左键。然后移动到"构建"（Construct），在下拉菜单中找到"挤出"（Extrude）。单击此按钮。

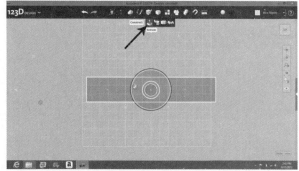

光标移动到刚建的圆环处。单击左键。

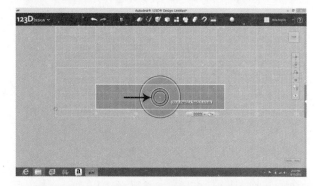

输入 -8。此时会形成 1 个直径 10mm、深 8mm 的洞（所以，不会穿透底座材料）。

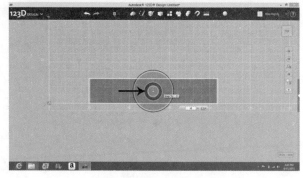

按回车键，然后移动光标到"草图"
（Sketch）处，在下拉菜单中找到"圆"
（Circle）。正在绘制的是一系列同心圆，
每一个直径都比前一个大，但深度比前一
个浅。

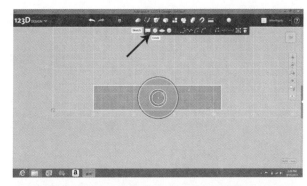

单击此按钮。光标移动到内圆。单击左
键。然后移动光标，与圆心的白点重合。

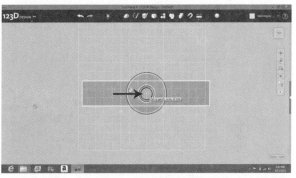

单击左键。光标略微向圆心外移动。输
入 15。

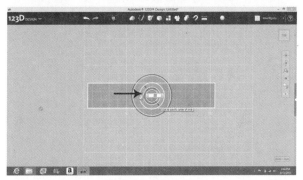

单击鼠标左键，然后移动到"构建"
（Construct），在下拉项中找到"挤出"
（Extrude）。

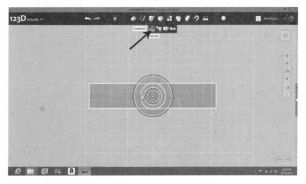

单击鼠标左键。然后移动到刚绘制的圆
处。单击左键。

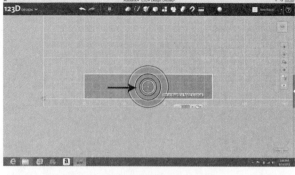

输入 -5。

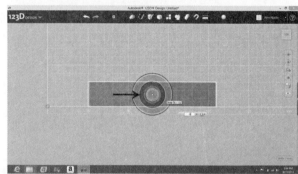

按回车键，然后移动光标到"草图"
（Sketch）处，在下拉项中选择"圆"
（Circle）。

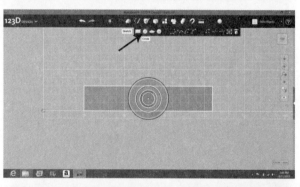

单击左键。移动光标到内圆。单击鼠标
左键。

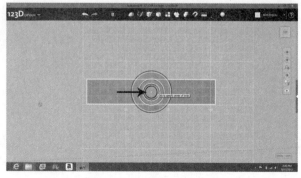

移动光标，与圆心重合。

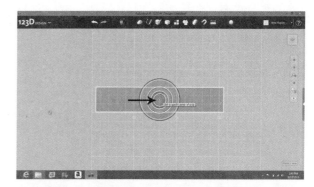

单击左键。略微向圆心外拉动光标。

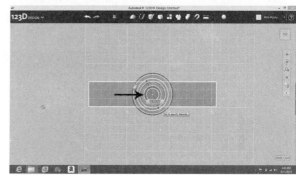

输入 22。

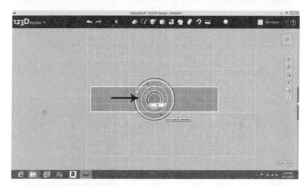

移动光标到"构建"（Construct），在下拉菜单中找到"挤出"（Extrude）。

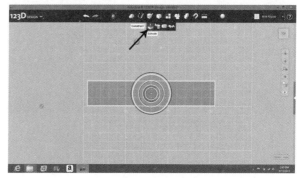

单击鼠标左键。然后移动到最后创建的圆内。单击左键。

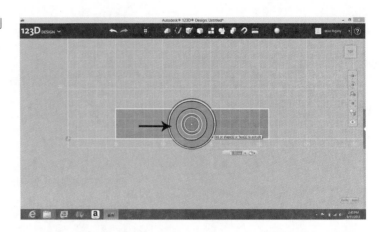

输入 -2。

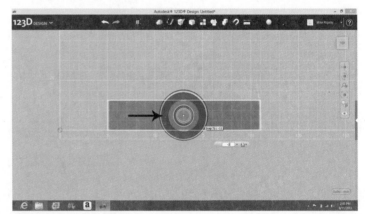

按回车键，然后移动光标到左上角的"123D"图标处。在下拉菜单中，找到"导出 STL"（Export STL），保存文件用于打印。

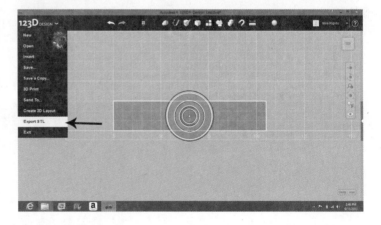

若要保存设计文件，将光标移动到左上角的"123D"图标处，下拉选中"保存"（Save）。采用 100% 填充率进行打印（实心塑料才能使潜水艇下沉）。

潜艇塔

先新建项目。单击"基本体"（Primitives），在下拉菜单中找到"立方体"（Box）。

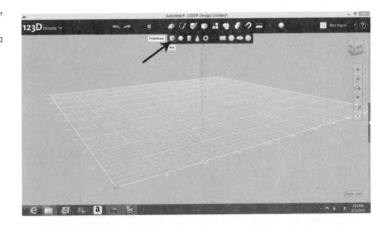

单击此按钮，然后向网格左下角区域移动光标。

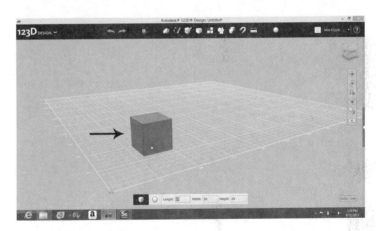

输入 15 后，按 Tab 键。输入 15，然后再次按 Tab 键。输入 13。

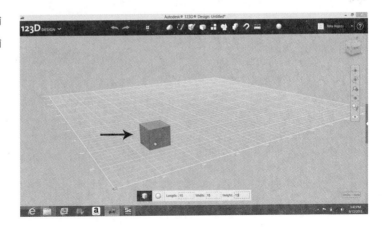

　　按回车键。将光标移动到右上角立方体的上表面。

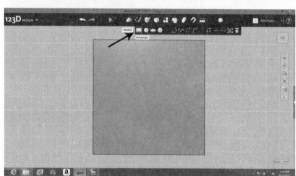

　　单击左键。光标移动到"草图"（Sketch），在下拉菜单中找到"矩形"（Rectangle）。

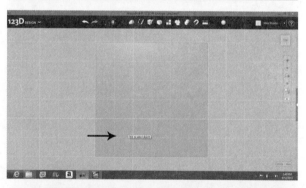

　　单击此按钮，然后将光标移动到正方形内。

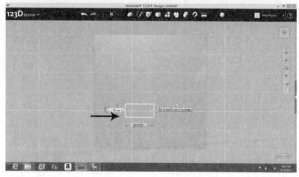

　　单击左键。从左下角开始移动光标，向右 2mm，向上 2mm。单击鼠标左键，然后略微移动。

输入 7，然后按 Tab 键。输入 7。

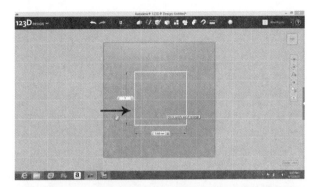

单击鼠标左键，然后移动到"构建"
（Construct），在下拉项中找到"挤出"
（Extrude）。

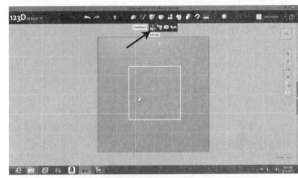

单击左键。移动光标到小正方形内，然
后单击。

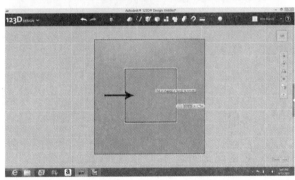

输入 −11。

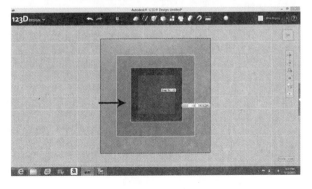

按回车键，然后移动光标到左上角"123D"图标处。在下拉菜单中，选中"导出 STL"，保存文件用于打印。

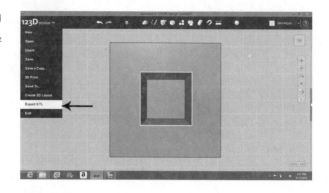

若要保存设计文件，移动光标到左上角"123D"图标处，下拉选中"保存"。

采用 10% 填充率打印（潜艇塔的壁需要中空——填满空气，以便潜水艇潜入水底时能保持直立）。

将潜水艇底座平放于工作台，圆的一头朝下。拿住潜艇塔（有洞的一面向下），用强力胶将塔和底座黏合。

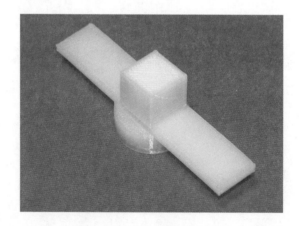

待胶水风干后，翻转潜水艇，通过底部的洞倒入发酵粉。摇晃粉末使其沉积到潜艇塔内，用手指抹去多余的粉末。

洞朝下，置于水下，摇晃，然后松手。几秒钟后，潜水艇会浮上水面。再过几秒，潜水艇会转向一侧，排出气泡，然后下沉。潜水艇能升降 8 到 10 次，之后需要重新装入发酵粉。冲洗掉原来的粉末，重新倒入即可。

SketchUp 设计潜水艇

潜水艇底座

先新建文件。找到顶部菜单的"相机"，下拉选择"标准视图"。左键单击"顶视图"。

找到"形状 / 矩形"图标。单击左键。将光标移动到各条线的交汇点。按住鼠标左键不放，同时向右上方拉动。输入 80,15。按回车键。松开鼠标。

光标移动到"缩放"图标，并单击。将放大镜移动到矩形附近，然后转动鼠标滚轮，让矩形基本撑满工作区域。

找到"推 / 拉"图标。单击左键。光标移动到矩形处。此时，矩形会布满小黑点。按住鼠标左键不放，并向上移动。矩形会变成白色（黑点消失）。如果黑点还在，那么向下移动光标，直至矩形变白。输入 3，按回车键。松开鼠标左键。

单击"卷尺工具"图标。

将卷尺工具的蓝色指针移动到矩形左下角。此时，蓝点会变成绿色的圆圈。按住鼠标左键不放，向右移动。输入 40，按回车键。释放鼠标左键。

移动光标，与刚标记的点重合。此时，会闪现文字"参考点"。按住鼠标左键不放，向上移动。输入 7.5，按回车键。释放左键。现在，你在矩形中央绘制了 1 个标记点（左起 40mm，向上 7.5mm）。

开始绘制一系列圆，宽度和深度各不相同。找到"形状 / 圆"，并单击。

把光标移动到刚绘制的中心参考点。按住左键不放。向外拉动。输入 3.5，按回车键。然后松开鼠标。

将光标移动到刚绘制的中心参考点。按住左键不放。向外拉动。输入 5，按回车键。然后松开鼠标。

把光标移动到刚绘制的中心参考点。按住左键不放。向外拉动。输入 7.5，按回车键。然后松开鼠标。

将光标移动到刚绘制的中心参考点。按住左键不放。向外拉动。输入 11，按回车键。然后松开鼠标。

将光标移动到刚绘制的中心参考点。按住左键不放。向外拉动。输入 12，按回车键。然后松开鼠标。

移动光标到页面顶部的"推 / 拉"图标处。单击此按钮。

将光标移动到外侧圆环的左部（矩形会把圆环分割成 4 块独立区域）。按住鼠标左键不放，并移动，使左侧圆环向上抬升。输入 8，按回车键。松开鼠标。对外侧圆环的其他 3 个区域，重复此步骤。

将光标向内移动一个圆（也会被分为 4 个区域）。按住鼠标左键。移动光标，使圆环区域向上抬升。输入 6，按回车键。松开鼠标。对其他 3 个区域，重复此步骤。

向内移动光标，到下一个圆环，这是一个未被分割的完整圆环。按住鼠标左键不放。移动光标，使圆环向上抬升。输入 3，按回车键。松开左键。

光标指向中心圆（即向内移动两个圆）。按住鼠标左键。向上移动，直至黑点消失。

输入 1，按回车键。松开左键。

光标滑向"选择"图标（左边第 1 个），并单击。找到"编辑"菜单，在下拉项中选择"全选"。单击此处。

回到顶部菜单，选择"文件"，然后在下拉项中找到"导出 STL"。单击此项。文件即可用于打印潜水艇底部。

若要保存设计文件，选择"文件"，然后单击"保存"。

潜艇塔

先新建文件。单击顶部菜单栏的"相机"，在下拉项中找到"标准视图"。单击"顶视图"。

找到"形状 / 矩形"图标，并单击。把光标拖向线条交汇处。按住鼠标左键，同时向右上角移动。输入 15,15。按回车键。释放左键。

光标移至"缩放"图标。单击左键。将放大镜图标移动到矩形附近，然后转动鼠标滚轮，让矩形基本布满工作区域。

移动光标到"推 / 拉"图标。单击此按钮。将光标移动到矩形内。此时，矩形会布满小黑点。按住鼠标左键。向上移动光标，矩形会变成白色（黑点消失）。如果黑点仍然显示，向下移动光标，待矩形变白。输入 13，按回车键。松开左键。

找到"卷尺工具"图标，并单击。

将图标蓝色部分滑向矩形左下角端点处，会变成绿色圆圈。按住鼠标左键，然后向右侧移动。输入 4，按回车键。松开鼠标。

移动光标，与刚绘制的标记点重合。此时，会闪现文字"参考点"。按住鼠标左键不放，并向上移动。输入 4，按回车键。松开鼠标。

将光标移动到"矩形"图标。单击此处。

向下移动光标，与上一步标记的参考点重合。

按住左键不放。向右上角移动光标。输入 7,7，按回车键。松开左键。

移动光标到"推 / 拉"图标。单击此处。

将光标滑动至中间正方形的下部。按住鼠标左键不放，向上移动。输入 11，按回车键（中央正方形会随之变小，3 面被深灰色包围）。

光标移至"选择"图标（左边第 1 个）。单击此处。找到"编辑"菜单，在下拉项中选择"全选"，并单击。

回到顶部菜单，选择"文件"，然后下拉选择"导出 STL"。单击。该文件可用于打印潜艇塔。

若要保存设计文件，选择"文件"，然后单击"保存"。

自行车风车

在本章节中你将制作安装于自行车把手上的可装卸风车。车骑得越快，风车转得越快，声音越响。先准备 1 片长方形塑料片，挖去车把手大小的洞。然后，制作一个桨叶和一个对其进行固定的垫圈。

风车支架

先新建项目。选择"基本体"（Primitives），在下拉菜单中找到"立方体"（Box）。

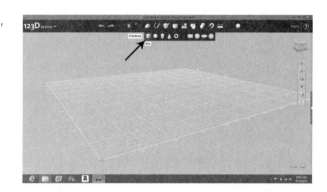

单击此处。光标移动到工作区域的左下方。输入 40，然后按 Tab 键。输入 100，然后按 Tab 键，输入 15。

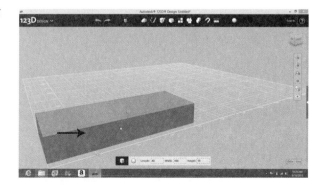

按回车键，然后移动光标到右上角的立方体上表面。

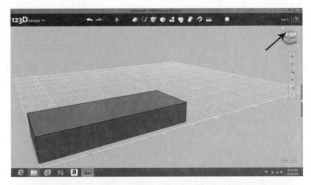

单击此处。移动光标到"草图"（Sketch），在下拉项中选择"圆"（Circle）。

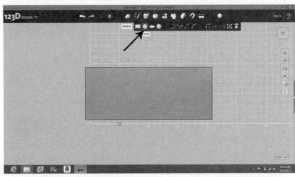

单击此按钮。移动光标至矩形内。

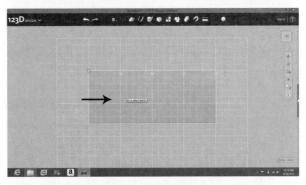

单击左键。从左下角开始移动光标，向右 4 个方格，向上 4 个方格。单击左键，略微移动光标。

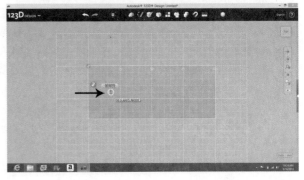

输入 22。这个值是一般车把手的直径
（以 mm 为单位）。如果你知道自己的车
把手直径大于或小于此值，那么输入相应的
数值，不必输入 22。

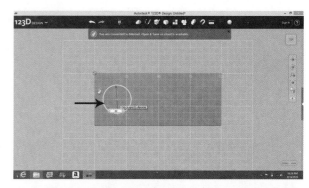

单击左键。光标移动到"构建"
（Construct），在下拉菜单中找到"挤出"
（Extrude）。单击此按钮。

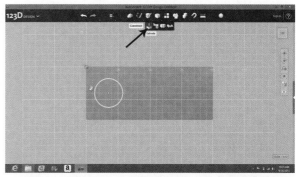

移动光标到圆内。

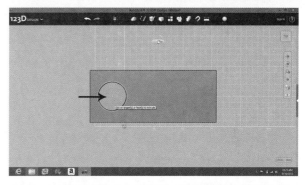

单击左键。输入 -15，镂出一个洞。

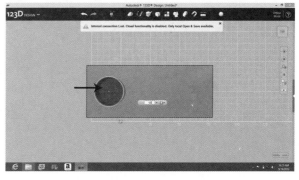

按回车键。

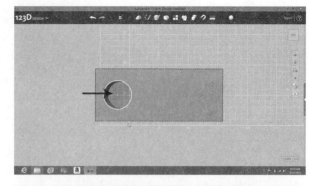

光标移动到"草图"（Sketch），下拉选择"多段线"（Polyline）。

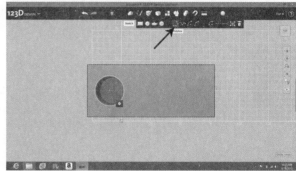

单击此按钮，然后光标移动到圆内。

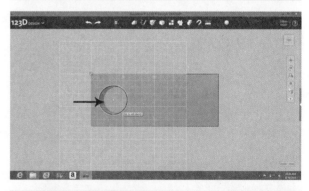

单击左键。移动光标，刚好进入圆内，如图所示。单击左键。

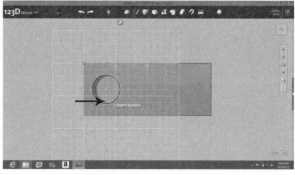

水平向右拖动光标，直至移出矩形。单击左键。

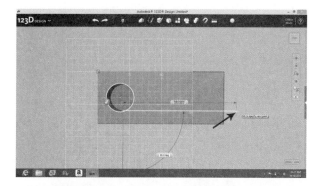

笔直向上移动光标，超过矩形的顶部。单击左键。

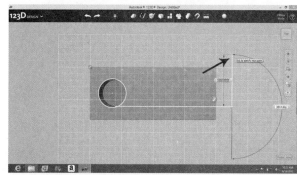

水平向左移动光标，直至矩形的中点（50mm 处）。单击左键。

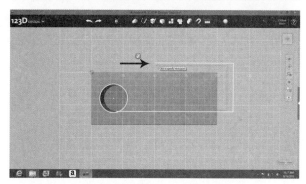

向下滑动光标，停留在矩形内的第 2 个网格处。

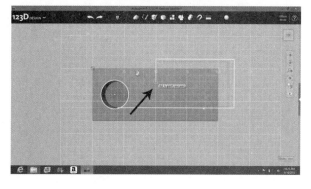

水平向左移动光标，至圆内。单击左键。

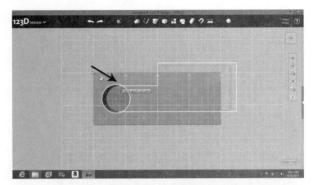

向下滑动光标，与绘制的起点重合。单击左键。

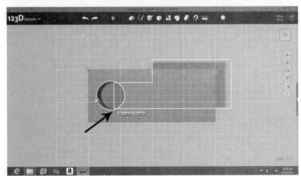

移动光标到"构建"（Construct），在下拉菜单中找到"挤出"（Extrude）。

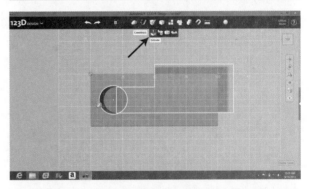

单击鼠标左键，然后移动到刚绘制的区域内。单击左键。

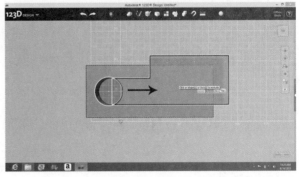

输入 –15，移除不需要的材料。

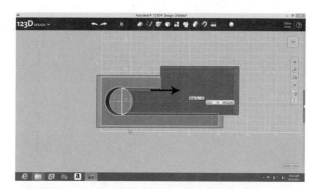

按回车键，移动光标到右上角立方体图标处（停留在立方体下方）。

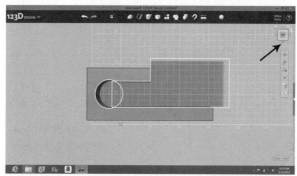

单击此处。移动光标到"草图"（Sketch），在下拉项中找到"圆"（Circle）。

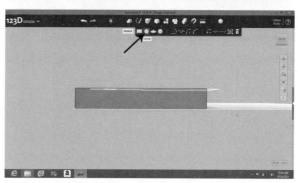

单击此按钮。光标移动到矩形内。

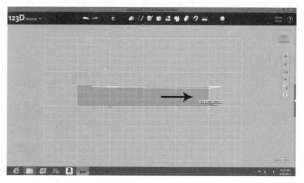

单击左键。

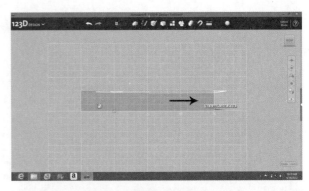

将光标移动到矩形底边上方1½方格、矩形右边左侧 2 个方格处（此处只需粗略丈量即可）。单击左键，然后略微移动光标。输入 4。

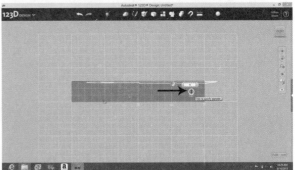

单击鼠标左键，移动到"构建"（Construct），然后在下拉项中找到"挤出"（Extrude）。

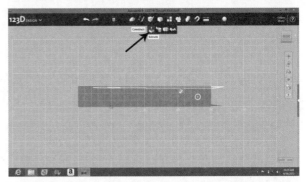

单击此按钮，光标滑动到小圆内。

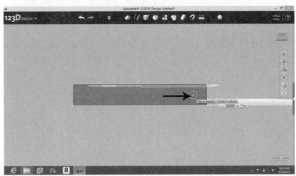

单击左键。输入 30（这个值为桨叶支架的伸出长度）。

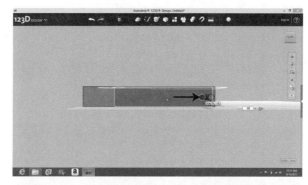

按回车键，然后移动光标到左上角的"123D"处。在下拉菜单中，找出"导出STL"（Export STL），然后保存文件用于打印。

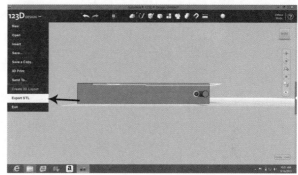

若要保存设计文件，移动光标至左上角"123D"处，下拉选择"保存"（Save）。

桨叶

在制作桨叶过程中，你将用到 1 个立方体，在它的中间挖个洞，以安装到支架上。然后，选择其中的一端，切除"非桨叶"的那部分材料。对另一端也需要执行相同的操作。

先新建项目，然后找到"基本体"（Primitives），在下拉项中选择"立方体"（Box）。

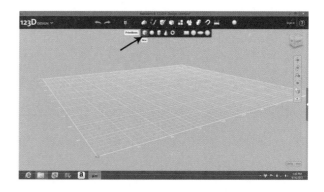

单击此按钮，然后光标向下移动至屏幕左下方。按 Tab 键。宽度输入 100（其他两项采用默认值 20）。

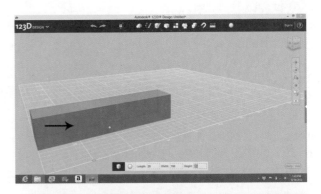

按回车键。这就制作了一个 20mm 高，100mm 宽，20mm 深的盒子。光标移动到屏幕右上角小方块处。光标停留在"前"（Front）字处。

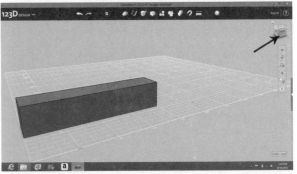

单击左键。滑动光标到"草图"（Sketch），然后在下拉项中找到"圆"（Circle）。

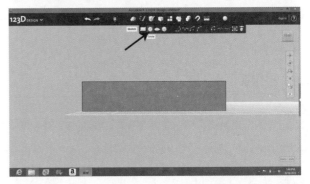

单击左键。光标移动到矩形中央。双击鼠标，然后轻微滑动。

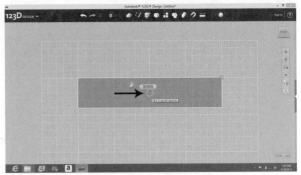

输入 6。

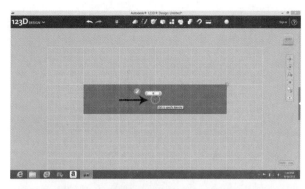

单击左键，然后光标移动到"构建"
（Construct），在下拉项中找到"挤出"
（Extrude）。

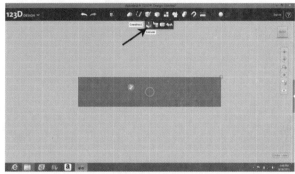

单击此按钮。光标移动到圆中心。单击
左键。

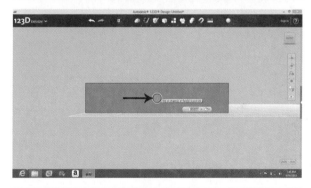

输入 -20，创建 1 个洞。

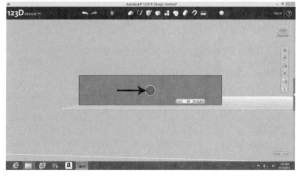

按回车键。光标移动到右上角的立方体处，停留在文字"前"（Front）右侧的箭头处。

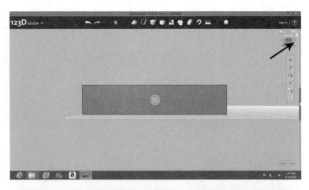

单击左键。光标移动到"草图"（Sketch），下拉找到"多段线"（Polyline）。

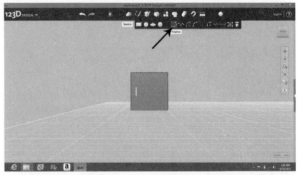

单击此按钮。光标移入正方形内。单击左键。光标沿着正方形的上边，移动到其左上角的右侧（约½格）。单击左键。

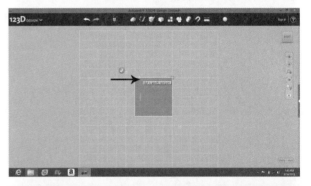

向右下方移动光标，直至超出正方形边缘（约135度——页面上会显示"角度"数）。单击左键。向上移动光标（0度），超出正方形上边。单击左键。移动光标，与起点重合（此时会出现一个小正方形）。单击左键。

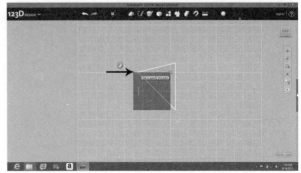

光标移动到"构建"（Construct），
在下拉项中找到"挤出"（Extrude）。

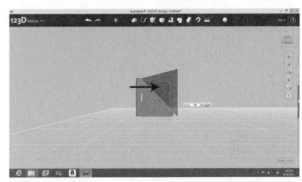

单击此按钮。移动光标至刚绘制的区域
内。单击左键。输入 -40。这是将要挖去的
材料的深度。

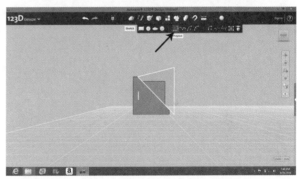

按回车键，然后移动光标到"草图"
（Sketch），在下拉项中找到"多段线"
（Polyline）。

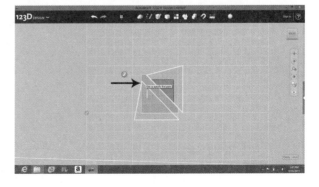

单击此按钮。光标移动到正方形（左边）
内。单击左键。找到起点（沿着左上角的左边，
向下约½格）。单击左键。向右下方移动光
标（约135度），直至光标超出正方形底边。
单击左键。向左移动光标（90度），直至
位于正方形左侧。单击左键。向上移动光标，
与起点重合。单击左键。

光标回到"构建"（Construct），在下拉项中找到"挤出"（Extrude）。单击此处。移动光标到刚绘制的三角形内。单击左键。输入 -40。按回车键。

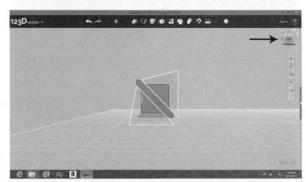

移动光标至右上角的立方体，停留在文字"右"（Right）处。

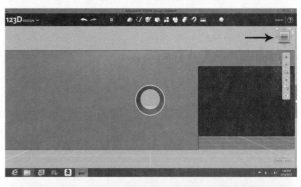

单击左键。

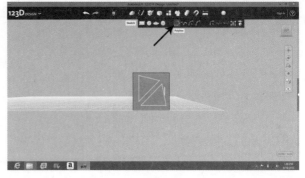

移动光标到"草图"（Sketch），在下拉项中找到"多段线"（Polyline）。

单击左键。将光标移动至正方形内。单击左键。移动光标，停留在左上角右侧½格处。单击左键。向右下方拖动光标。单击左键。笔直向上拖动光标。单击左键。光标重新回到起点处。单击左键。

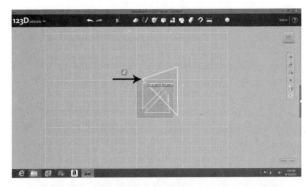

移动光标到"构建"（Construct），下拉项中找到"挤出"（Extrude）。单击此按钮。移动光标至刚绘制的三角形内。单击鼠标。

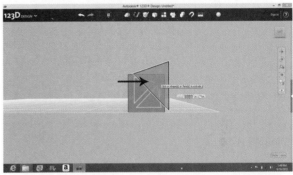

输入 -40，按回车键。

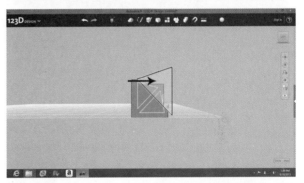

移动光标到"草图"（Sketch），在下拉项中选择"多段线"（Polyline）。

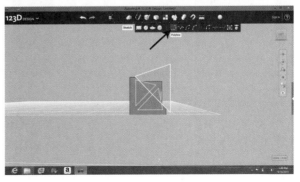

单击左键。光标移入正方形（左边）。单击左键。移动光标到第 1 点（左上角下方 ½ 格）。单击左键。向右下方移动光标（约 45 度），直至超出正方形底边。单击左键。向左移动光标（90 度），直至位于正方形左侧。单击左键。移动光标，与起点重合。单击左键。

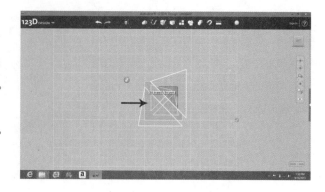

移动光标到"构建"（Construct），在下拉项中找到"挤出"（Extrude）。单击此按钮。移动光标至刚绘制的三角形内。单击鼠标左键。

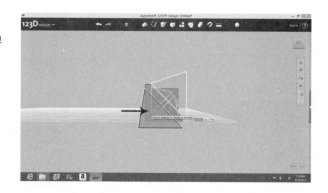

输入 −40。按回车键，移动光标到左上角的"123D"。在下拉菜单中，选择"导出 STL"（Export STL），保存文件，用于打印。

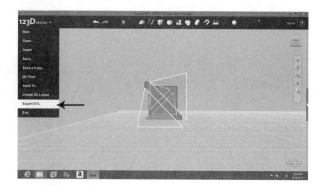

若要保存设计文件，移动光标到左上角的"123D"，下拉选择"保存"（Save）。

垫圈

　　先新建项目。光标移至"基本体"（Primitives），下拉选择"圆柱体"（Cylinder）。

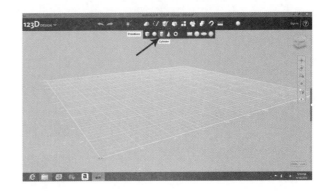

　　单击左键。光标移动到屏幕左下区域。输入 5，按 Tab 键。输入 3。

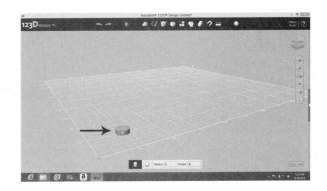

　　按回车键，光标移动到视图方块的"顶"（Top）。

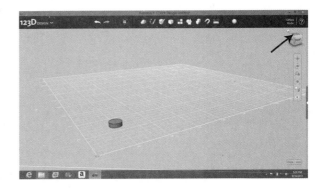

单击左键。移动光标到"草图"（Sketch），在下拉项中找到"圆"（Circle）。

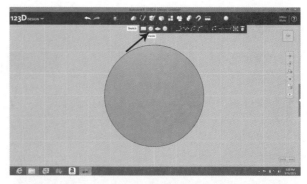

单击左键。光标移动到圆心。双击鼠标左键，然后略微移动光标。

输入 5.25。单击左键。

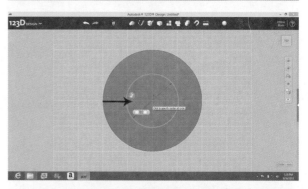

移动光标到"构建"（Construct），在下拉项中找到"挤出"（Extrude）。

单击此按钮。光标移动至内圆。单击左键。

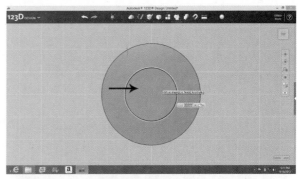

输入 -3，创建 1 个洞。按回车键，移动光标到左上角的"123D"。在下拉菜单中，选择"导出 STL"（Export STL），保存文件用于打印。

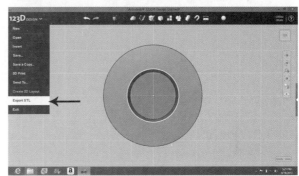

若要保存设计文件，移动光标到左上角的"123D"，下拉选择"保存"（Save）。

打印 2 个垫圈、1 个风车支架、1 片桨叶。

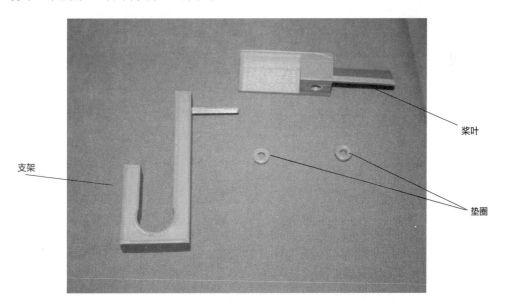

支架

桨叶

垫圈

1 个垫圈置于风车支架轴上，然后安装桨叶。

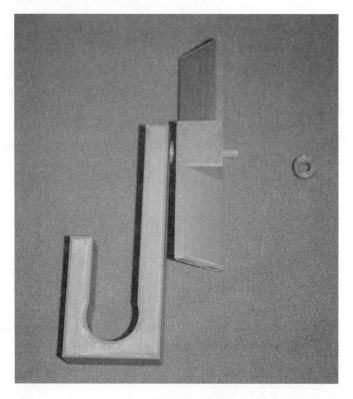

另 1 个垫圈放在支架末端，以固定桨叶。组件之间借助摩擦力作用而配合紧密，但加 1 滴胶水效果会更好。

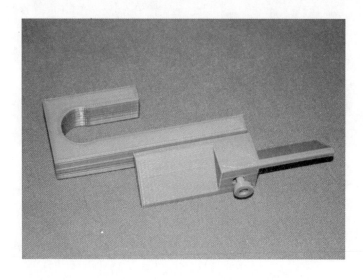

风车卡在自行车把手上，出发。

用 SketchUp 设计自行车风车

风车支架

选择"相机"，然后在下拉项中找到"标准视图"。左键单击"顶视图"。

光标移到"直线"图标（左起第 3 个），然后在下拉菜单中选择"直线"。单击左键。移动光标到各线条交汇点。按住鼠标左键不放，同时向右拖动。输入 100，按回车键。松开鼠标。

找到"缩放"图标，并单击。将放大镜指针移动到工作区域，转动鼠标滚轮，让黑线覆盖⅓的屏幕。

光标移到"直线"图标，在下拉菜单中选择"直线"。单击鼠标左键。直线起点应位于刚才光标离开的地方（即黑线右端点）。按住左键不放。向上移动光标。输入 10，按回车键。向左拖动光标。输入 75，按回车键。向上拖动光标。输入 20，再按回车键。向右拖动光标。输入 25，再按回车键。光标上移。输入 10，按回车键。向左拖动光标。输入 50，按回车键。光标下移。输入 40，再按回车键。被线条包围的区域内会显示为蓝色。松开左键。

选择"卷尺工具"图标,将光标移动到刚绘制的多边形左下角。按住左键不放,同时向右滑动光标。输入 20,按回车键。松开鼠标。

移动卷尺工具指针,使之停留在刚刚绘制的标记点。此时会闪现文字"参考点"。按住左键不放,同时向上滑动光标。输入 20,按回车键。松开鼠标。

选择"形状/圆"图标,将指针移动到刚标记的参考点处。按住鼠标左键不放,略微向外移动。输入 11,按回车键。松开鼠标。

找到"选择"图标(左边第 1 个),并单击。

将指针下移到圆的左半部。单击鼠标左键。该部分圆会布满小黑点。找到"编辑",下拉选择"删除"。单击此按钮。指针移动到圆的右半部。单击鼠标左键。找到"编辑",下拉选择"删除"。单击此按钮。

选择"推/拉"图标。将光标移动到蓝色多边形内。按住鼠标左键不放,略微向上滑动。输入 15,按回车键。松开左键。

选择"相机",下拉选择"标准视图"。找到"前视图",并单击。

选择"卷尺工具"图标,将光标移动到白色矩形右下角。按住鼠标左键不放,同时向左滑动。输入 10,按回车键。松开鼠标左键。移动指针,使之停留在刚绘制的参考点上。按住鼠标左键不放,同时向上拖动。输入 7.5,按回车键。松开鼠标左键。

选择"形状/圆"图标,将光标移动到刚刚绘制的参考点。按住鼠标左键不放,向圆心外拖动光标。输入 2,按回车键。松开鼠标左键。

选择"推/拉"图标。将光标移动到小圆内(圆内会布满黑点)。按住左键不放,移动光标。输入 30,按回车键。松开鼠标。

找到"选择"图标。单击此按钮。找到"编辑",然后下拉选择"全选"。单击此按钮。

回到顶部菜单栏,选择"文件",然后下拉选择"导出 STL"。单击此处。文件可用于打印自行车风车的支架。

若要保存设计文件,选择"文件",然后单击"保存"。

桨叶

选择"相机",在下拉项中找到"标准视图"。选择"顶视图",然后单击此处。

选择"形状/矩形"图标。光标移动到各条线交汇处。按住鼠标左键不放,向右上方移动。输入 100,20,按回车键。松开鼠标。

选择"缩放"图标。转动鼠标滚轮,使矩形几乎撑满整个屏幕。

选择"卷尺工具"图标。移动指针至矩形左下角。按住左键不放,向右拖动光标。输入 50,按回车键。松开鼠标。

移动指针到刚刚标记的参考点（会闪现文字"参考点"）。按住鼠标左键不放，向上拖动光标。输入 10，按回车键。松开左键。现在，矩形中心有了 1 个参考点。

选择"形状/圆"图标。光标向下移动，使圆心与中心参考点重合。按住鼠标左键不放，向圆心外拖动。输入 3，按回车键。松开左键。

找到"选择"图标。将指针移动到圆内，然后单击左键。圆内会布满小黑点。如果圆内没有出现小点，那么用缩放工具，让矩形变大（几乎撑满整个屏幕）。

找到"编辑"，下拉选择"删除"。单击左键。

选择"推/拉"图标。将光标移动到矩形内。按住左键不放，向上拖动光标。输入 20，按回车键。松开左键。

找到"相机"，在下拉项中单击"标准视图"。选择"右视图"，并单击。

找到"直线"图标（左起第 3 个），然后在下拉菜单中选择"直线"。单击此处。光标滑动到正方形上部，从左上角向右上角移动，停留在距离左上角 $\frac{1}{10}$ 处。按住鼠标左键不放，向右下方拉出 1 条直线。松开左键。回到左上角，向左下角移动光标，停留在距离左上角 $\frac{1}{10}$ 处。按住鼠标左键不放，向右下方拉出 1 条直线。松开左键。

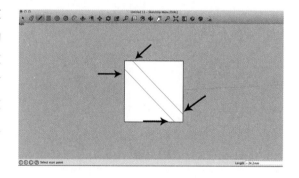

选择"推/拉"图标。移动光标到矩形内，停留在右上角附近。按住鼠标左键不放，向对角线处的左下角移动（右上角三角形会随之变小）。输入 40，按回车键。松开鼠标。

光标移向左下角（不超出白色三角形区域）。按住鼠标左键不放，向右上角略微移动。输入 40，按回车键。松开鼠标。

移动光标到"相机"，下拉选择"标准视图"。找到"左视图"，然后单击此处。重复上述步骤，像切除长条的右端材料一样，对左端进行绘线，切除 40mm 材料。

找到"选择"图标，并单击。找到"编辑"，然后下拉选择"全选"。单击此按钮。

回到顶部菜单，选择"文件"，然后下拉选择"导出 STL"。单击此处。文件可用于打印桨叶。

若要保存设计文档，选择"文件"，然后单击"保存"。

垫圈

先新建文件。找到"相机"，下拉选择"标准视图"。找到"顶视图"，然后单击。

选择"形状 / 圆"图标，然后将光标移动到红绿线交汇处。按住鼠标左键不放，向圆心外拖动光标。输入 5，按回车键。松开左键。

选择"缩放"图标。放大圆形，使其几乎撑满屏幕。

选择"形状 / 圆"图标。将光标移动到圆心处。按住左键不放，向圆心外拖动光标。输入 2.6，按回车键。松开左键。

光标移动到"选择"图标，然后单击左键。将光标移动到小圆内。单击左键（中心圆会布满小黑点）。

找到"编辑"，下拉选择"删除"。单击左键。

选择"推 / 拉"图标，将光标移动到半圆内。按住鼠标左键不放，向下拖动。输入 3，按回车键。松开左键。

找到"选择"图标，并单击。找到"编辑"，然后下拉选择"全选"。单击此处。

回到顶部菜单，找到"文件"，然后下拉选择"导出 STL"。单击此处。该文件可用于打印 2 个垫圈。

若要保存设计文件，选择"文件"，然后单击"保存"。

玩具屋

本章中，你将设计组件，搭建模块化玩具屋。先制作正方形平板，用作地板、墙壁或屋顶。接着，设计 1 个敞开着矩形大门的正方形。再制作 1 个带窗洞的正方形。最后，用卡扣把组件拼接起来。

地板、墙壁和屋顶

找到"基本体"（Primitives），下拉选择"立方体"（Box）。

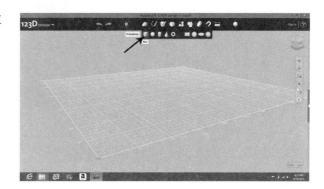

单击此按钮，向下拖动立方体至工作区域左下方。

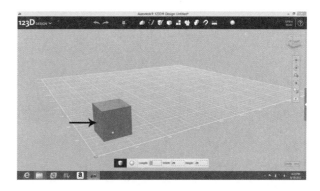

输入 100，然后按 Tab 键。输入 100，按 Tab 键。输入 8。

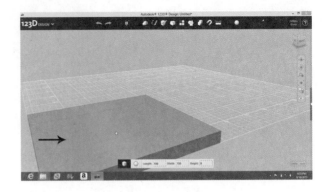

按回车键，移动光标到左上角的"123D"。在下拉菜单中，选择"导出 STL"（Export STL），保存文件，用于打印。

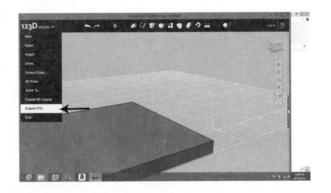

若要保存设计文件，移动光标到左上角的"123D"，下拉选择"保存"（Save）。

门

找到"基本体"（Primitives），下拉选择"立方体"（Box）。

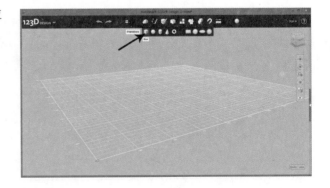

单击此按钮。将立方体拖到左下角。

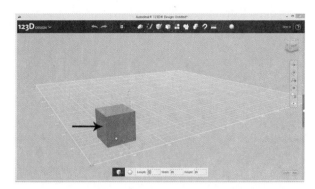

　　输入 100，然后按 Tab 键。再次输入 100，然后再按一次 Tab 键。输入 8。

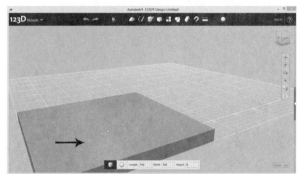

　　按回车键，然后移动光标到视图立方体的"顶"（Top）处。

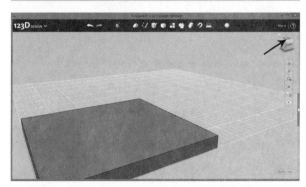

　　单 击 此 处。移 动 光 标 至 " 草 图 " （Sketch），下拉选择"矩形"（Rectangle）。

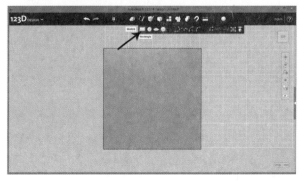

单击此按钮，移动光标至正方体内。

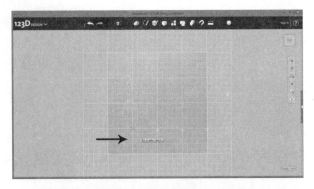

单击左键。移动光标到左下角右侧 40mm 处（8格）。单击左键后，向右上角拖动光标。

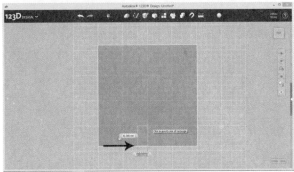

输入 35，然后按 Tab 键。输入 65。

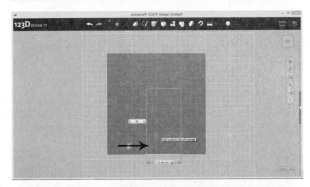

单击鼠标左键，然后滑动到"构建"（Construct），再下拉选择"挤出"（Extrude）。

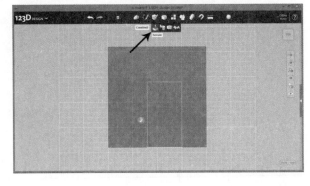

单击此按钮后，移动光标到门内。单击左键。

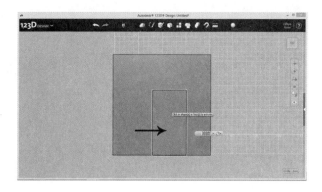

输入 -8，挖出 1 扇门的空间。

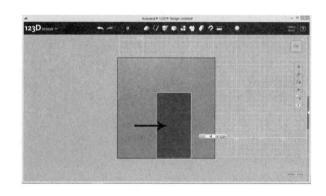

按回车键，光标移动到左上角的"123D"。在下拉菜单中，选择"导出STL"（Export STL），保存文件，用于打印。

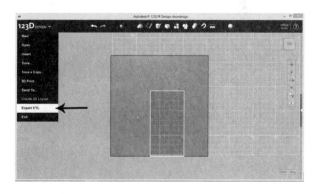

若要保存设计文件，移动光标到左上角的"123D"，下拉选择"保存"（Save）。

窗

找到"基本体"（Primitives），下拉选择"立方体"（Box）。

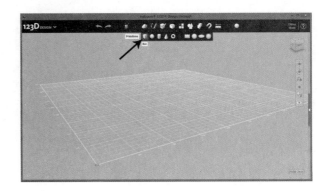

单击此按钮。将立方体拖到屏幕左下方。

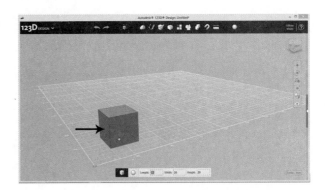

输入 100，然后按 Tab 键。再次输入 100，然后再按 1 次 Tab 键。输入 8。

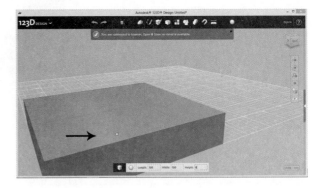

按回车键，然后移动光标到视图立方体的"顶"（Top）处。

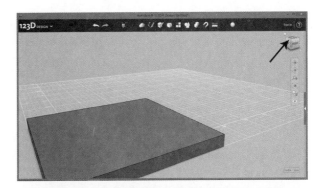

单击此处。在"草图"（Sketch）下拉菜单中找到"椭圆"（Ellipse）。

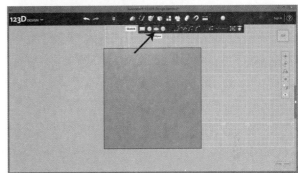

单击此按钮。移动光标至正方体内。

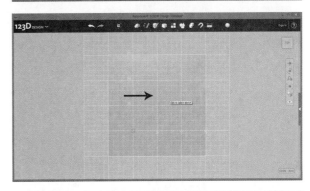

单击左键。从左下角开始移动光标，向右移动 65mm，向上移动 65mm（即向右 13 格，向上 13 格）。单击左键后，光标向右水平移动。

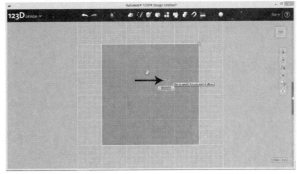

输入 12。

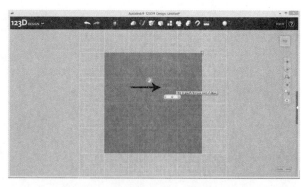

单击左键，向下拖动光标（从中心点开始笔直向下）。

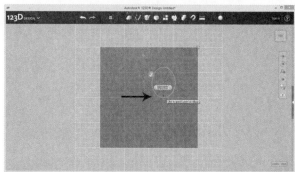

输入 24。单击左键后，移动光标到"构建"（Construct），然后下拉选择"挤出"（Extrude）。

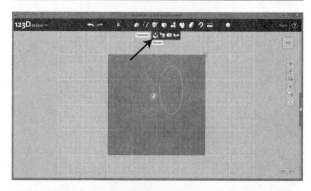

单击此按钮，移动光标到椭圆内。单击左键。

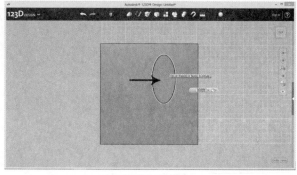

输入 -8，挖出窗洞。

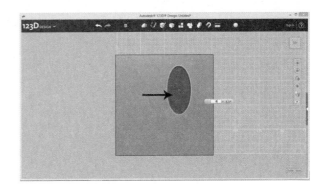

按回车键，光标移动到左上角的
"123D"。在下拉菜单中，选择"导出
STL"（Export STL），保存文件，用于
打印。

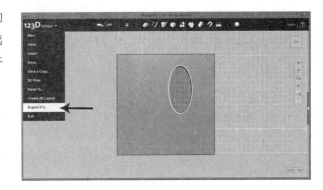

若要保存设计文件，移动光标到左上角的"123D"，下拉选择"保存"（Save）。

卡扣

移动光标到视图立方体的"顶"
（Top）处。

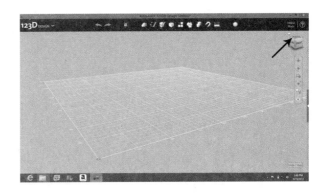

单击此处后，滑动光标到"草图"（Sketch），下拉选择"矩形"（Rectangle）。

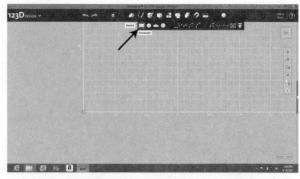

单击此按钮后，滑动光标到工作区域。单击左键。

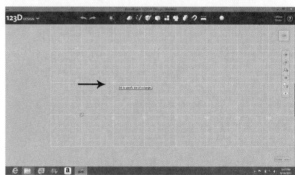

移动光标到网格交汇点。单击左键。向右上角轻微拖动光标。

输入 25（即水平距离）。按 Tab 键。输入 20。

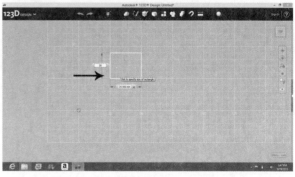

单击左键。

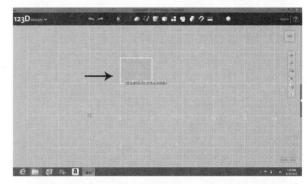

从左下角向上滑动 1 格。

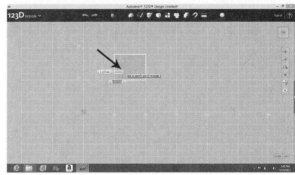

单击左键。向右上角轻微拖动光标。

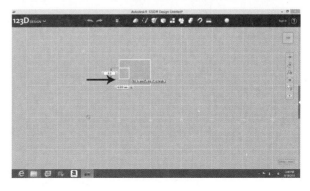

输入 8（即水平距离），然后按 Tab 键。
输入 8.5，然后单击左键。

从右上角向左滑动 1 格。

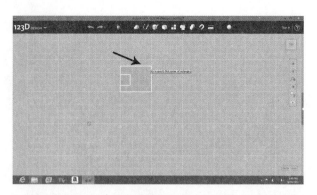

单击左键。输入 8.5（即水平距离），然后按 Tab 键。输入 15（即垂直距离）。

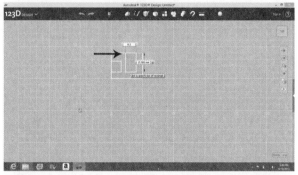

单击左键后，滑动光标到"构建"（Construct），然后下拉选择"挤出"（Extrude）。

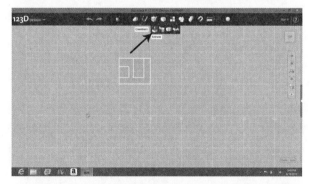

单击此按钮。移动光标至刚绘制的矩形下部。单击左键。

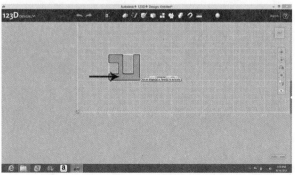

输入 15。

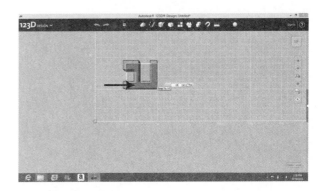

按回车键，光标移动到左上角的
"123D"。在下拉菜单中，选择"导出
STL"（Export STL），保存文件，用于
打印。

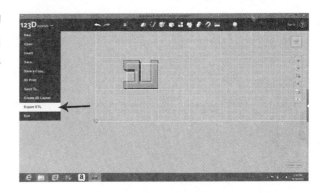

若要保存设计文件，移动光标到左上角的"123D"，下拉选择"保存"（Save）。

用 SketchUp 设计玩具屋

地板、墙壁和屋顶

在"相机"菜单中下拉选择"标准视图"。找到"顶视图",然后单击。

选择"形状／矩形"图标。单击此按钮。将光标移动到红绿线交汇处。按住鼠标左键不放,向右上方轻微移动。输入 100,100,按回车键。松开光标。

找到"缩放"图标。单击此按钮。将光标移动到小正方形处。转动滚轮,使正方形撑满⅓的屏幕。

选择"推／拉"图标。单击此按钮。将光标移动到正方形内。按住鼠标左键不放,向上方略微移动。输入 8,然后按回车键。松开鼠标。

移动光标到"选择"图标,并单击。单击"编辑",然后在下拉项中找到"全选"。单击此按钮。

回到顶部菜单,找到"文件",然后下拉选择"导出 STL"。单击此处。该文件可用于打印地板、墙壁和屋顶。

若要保存设计文件,选择"文件",然后单击"保存"。

门

在"相机"菜单中下拉选择"标准视图"。找到"顶视图",然后单击。

选择"形状／矩形"图标。单击此按钮。将光标移动到红绿线交汇处。按住鼠标左键不放,向右上方轻微移动。输入 100,100,按回车键。松开鼠标。

找到"缩放"图标。单击此按钮。将光标移动到小正方形处。转动滚轮,使正方形撑满⅓的屏幕。

选择"推／拉"图标。单击此按钮。将光标移动到正方形内。按住鼠标左键不放,向上方略微移动。输入 8,然后按回车键。松开鼠标。

找到"卷尺工具"图标,并单击。将光标移至正方形左下角。按住鼠标左键不放,水平向右移动。输入 40,然后按回车键。松开左键。

选择"形状／矩形"图标。单击按钮。

将指针移动到刚才用卷尺工具标记的参考点。按住鼠标左键不放。向上移动一段距离,再向右稍微移动(如果光标向右移动的距离比向上长的话,"65,35"的坐标设置会使门横向一侧)。输入 65,35,按回车键。松开左键。

选择"推／拉"图标,然后单击。将鼠标移动到门内。按住鼠标左键不放,略微向上方移动。输入 8,然后按回车键。松开鼠标。

移动光标到"选择"图标,并单击。单击"编辑",然后在下拉项中找到"全选"。单击此按钮。

回到顶部菜单，找到"文件"，然后下拉选择"导出 STL"。单击此处。该文件可用于打印门。

若要保存设计文件，选择"文件"，然后单击"保存"。

窗

在"相机"菜单中下拉选择"标准视图"。找到"顶视图"，然后单击。

选择"形状 / 矩形"图标。单击此按钮。将光标移动到红绿线交汇处。按住鼠标左键不放，向右上方轻微移动。输入 100,100，按回车键。松开鼠标。

找到"缩放"图标。单击此按钮。将光标移动到小正方形处。转动滚轮，使正方形撑满⅓的屏幕。

选择"推 / 拉"图标。单击此按钮。将光标移动到正方形内。按住鼠标左键不放，向上方略微移动。输入 8，然后按回车键。松开鼠标。

找到"卷尺工具"图标，并单击。将光标移至正方形左下角。按住鼠标左键不放，水平向右移动。输入 65，然后按回车键。松开左键。

将光标移动到刚标记的参考点。按住鼠标左键不放，笔直向上拖动。输入 77，然后按回车键。松开左键。

选择"形状 / 圆"图标。单击此处。将光标中心移动至刚刚绘制的参考点。

按住鼠标左键不放，向圆心外滑动。输入 12，然后按回车键。松开左键。

移动光标到"调整比例工具"（Scale）图标。单击此按钮。移动光标至圆内（圆内会布满小黑点）。单击左键。

向 9 点钟方向移动光标，直至中央的两个正方形显示为红色。按住鼠标左键不放，向下拖动。输入 2，然后按回车键。松开鼠标。

找到"推 / 拉"图标，并单击。

将指针移入椭圆内。按住左键不放，略微向下拖动。输入 8，然后按回车键。松开鼠标。

移动光标到"选择"图标，并单击。单击"编辑"，然后在下拉项中找到"全选"。单击此按钮。

回到顶部菜单，找到"文件"，然后下拉选择"导出 STL"。单击此处。该文件可用于打印窗。

若要保存设计文件，选择"文件"，然后单击"保存"。

卡扣

在"相机"菜单中下拉选择"标准视图"。找到"顶视图"，然后单击。

选择"形状 / 矩形"图标。单击此按钮。将光标移动到红绿线交汇处。按住鼠标左键不放，向右移动，略微偏上。输入 25,20，按回车键。松开鼠标。

找到"缩放"图标。单击此按钮。将指针移动到小方块处。转动滚轮，使其撑满⅓的屏幕。

找到"卷尺工具"图标，并单击。将光标移至矩形左下角。

按住鼠标左键不放，笔直向上拖动。输入 5，然后按回车键。松开左键。

选择"形状 / 矩形"图标。单击此按钮。将光标移动到刚标记的参考点。按住鼠标左键不放，向右移动，略微偏上。输入 8,8.5，按回车键。松开鼠标。

找到"卷尺工具"图标，并单击。将光标移至外围矩形右上角。按住鼠标左键不放，水平向左移动。输入 5，然后按回车键。松开左键。

选择"形状 / 矩形"图标。单击此按钮。将光标移动到刚标记的参考点。按住鼠标左键不放，向左移动，略微偏下（如果光标向下移动的距离比向左长的话，软件会将输入的第一个数字判断为向下的距离）。输入 8.5,15，按回车键。松开鼠标。

将光标移动到"选择"图标，并单击。移动光标至刚绘制的矩形内。单击左键。找到"编辑"，下拉选择"删除"。单击此按钮。

将光标移入之前绘制的小方块内。单击左键。找到"编辑"，下拉选择"删除"。单击此按钮。

找到"推 / 拉"图标，并单击。光标移动至模型图像内。按住鼠标左键不放，向下拖动。输入 8，然后按回车键。松开鼠标。

移动光标到"选择"图标，并单击。单击"编辑"，然后在下拉项中找到"全选"。单击此按钮。

回到顶部菜单，找到"文件"，然后下拉选择"导出 STL"。单击此处。该文件可用于打印一系列卡扣。

若要保存设计文件，选择"文件"，然后单击"保存"。

投石机

现在来设计1台投石机，包含2样组件：底座和杠杆。发射时用皮筋提供动力。

投石机底座

先新建项目。选择"基本体"（Primitives），在下拉项中找到"立方体"（Box）。

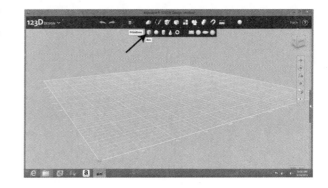

单击此按钮后，将立方体拖动到偏下方的工作区域。

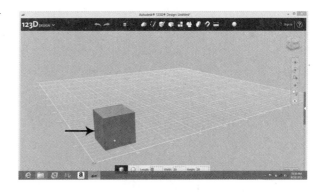

输入 40，然后按 Tab。输入 100，然后按 Tab。输入 45。

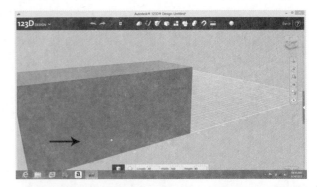

按回车键，然后光标移动到视图方块的"前"（Front）字处。

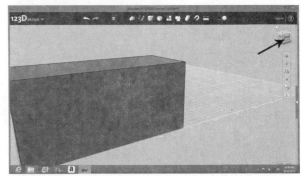

单击此处后，光标移动到"草图"（Sketch），在下拉项中找到"矩形"（Rectangle）。

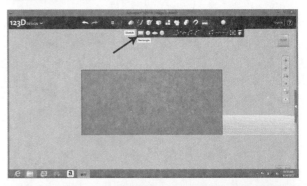

单击此按钮。光标移动到矩形内。

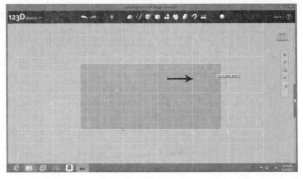

单击左键后，移动光标至矩形右上角。

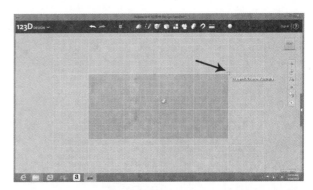

单击左键后，向下移动光标，略微偏左。输入 20（即水平距离），然后按 Tab 键。输入 35，即垂直距离。

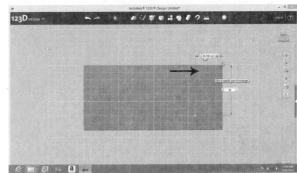

单击左键，然后移动光标，停留在矩形右上角的左侧第 5 个网格处。

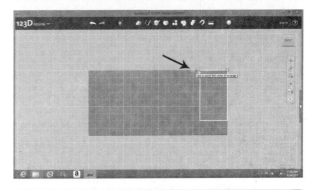

单击左键。向下拖动光标，略微偏左。输入 12 作为水平距离，然后按 Tab 键。输入 15。

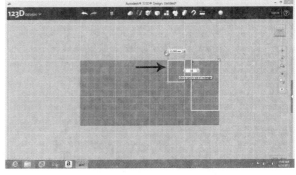

单击左键。光标移动至左上角。

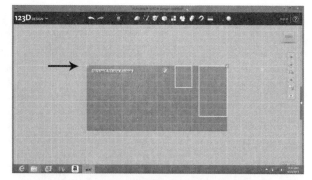

单击左键。向下移动光标，略微偏右。输入 55，然后按 Tab。输入 35。

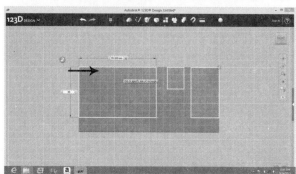

单击左键。移动光标到"构建"（Construct），然后下拉选择"挤出"（Extrude）。

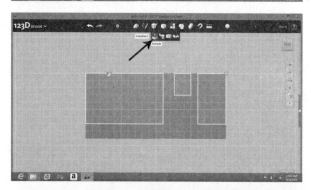

单击此按钮。光标移动到刚才绘制的矩形内。单击左键。

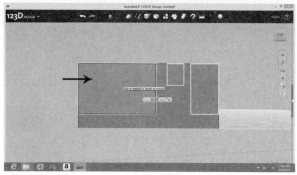

光标移动到位于中间的那个矩形处。单击左键。

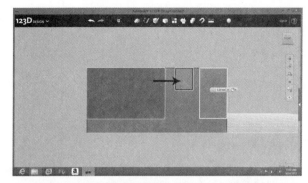

光标移入位于右边的那个矩形内。单击左键。

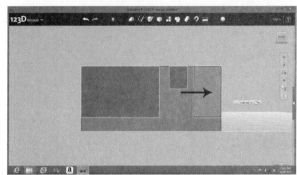

光标移动到显示"0.00mm"的小文本框中,并单击。

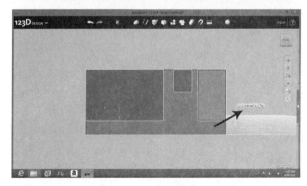

按键盘退格键,清除文本框内数字和文字。输入 -40。

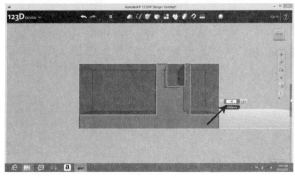

按回车键。光标移动到视图立方块的右面。

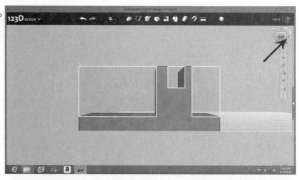

单击左键。移动光标到"草图"（Sketch），在下拉项中找到"矩形"（Rectangle）。

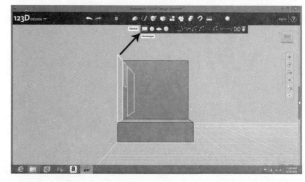

单击此按钮。将光标移入上方的那个矩形内。

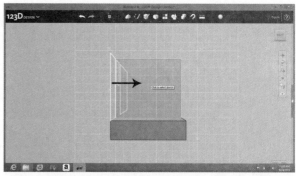

单击左键。移动光标，停留在右上角左侧第 2 个网格处。单击左键。向下拖动光标，略微偏左。

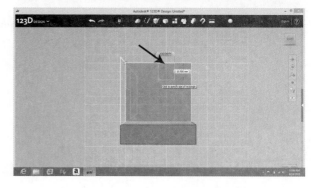

输入 22，然后按 Tab。输入 35。

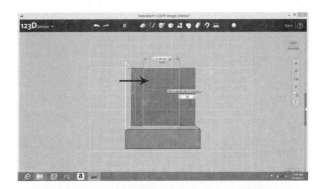

单击左键。光标移动到"构建"
（Construct），然后下拉选择"挤出"
（Extrude）。

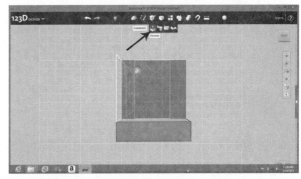

单击此按钮。光标移动到刚绘制的矩形
内。单击左键。

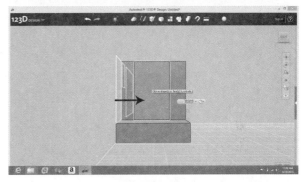

输入 -25。

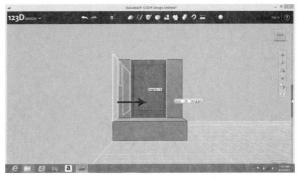

按回车键，移动光标到左上角的"123D"。在下拉菜单中，选择"导出 STL"（Export STL），保存文件，用于打印。

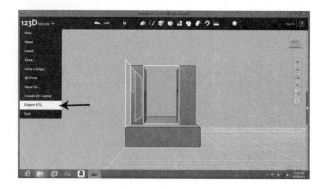

若要保存设计文件，移动光标到左上角的"123D"，下拉选择"保存"（Save）。

投石机杠杆

先新建项目。选择"基本体"（Primitives），在下拉项中找到"立方体"（Box），并单击。

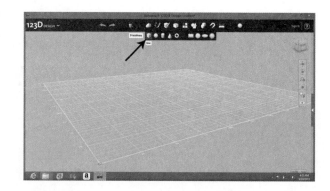

将立方体拖到左下方的工作区域。

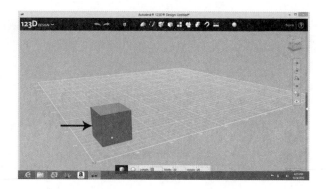

输入 20，然后按 Tab 键。输入 120，然后按 Tab 键。输入 10。

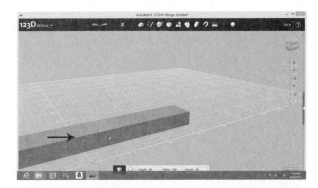

按回车键，然后移动光标到视图立方体的"前"（Front）字。

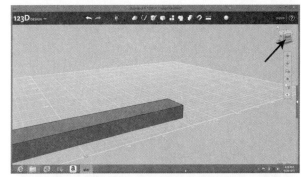

单击此处。光标移动到"草图"（Sketch），在下拉项中找到"圆"（Circle）。

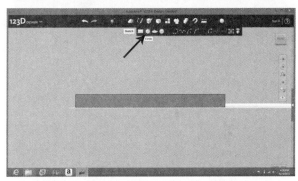

单击此按钮。光标移动至矩形内。单击左键。

从左下角开始移动光标，向右 45mm，向上 5mm（向右 9 个网格，向上 1 个网格）。单击左键。轻微移动光标。

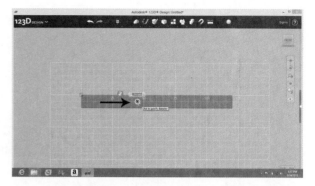

输入 10。单击左键。

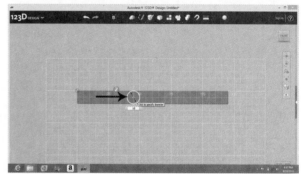

光标移动到"构建"（Construct），然后下拉选择"挤出"（Extrude）。单击此按钮。

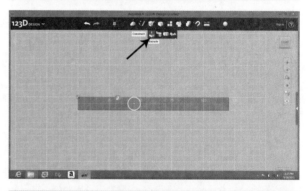

移动光标到圆内。单击左键。输入 -30。这一步操作的执行方向朝下。

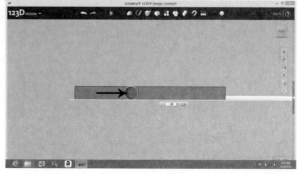

在你刚才输入"-30"的文本框右侧，会有 1 个黑色小箭头。单击这个箭头。

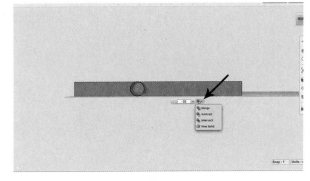

在下拉项中找到"合并"（Merge），并单击。虽然软件通常能"猜中"你想做什么，但是并非每次都正确。这一回，你并不想挖洞，而是想在矩形背面添加一根圆轴，因此要选择"合并"（Merge），而非"裁剪"（Subtract）。

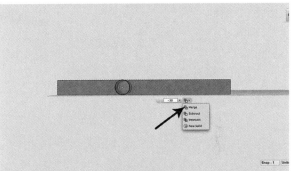

按回车键。移动光标到"构建"（Construct），然后下拉选择"挤出"（Extrude）。

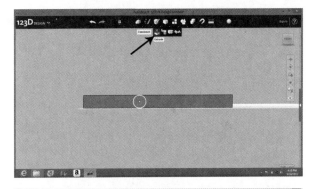

单击此按钮，然后移动标到圆内。单击左键。

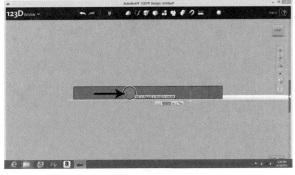

输入 10。

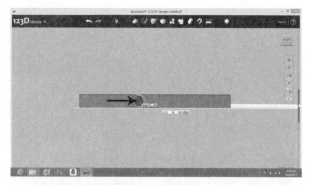

按回车键。光标移动到视图方块的"顶"（Top）处。

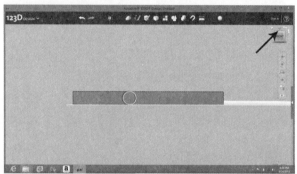

单击此处。移动光标至"草图"（Sketch），下拉选择"圆"（Circle）。

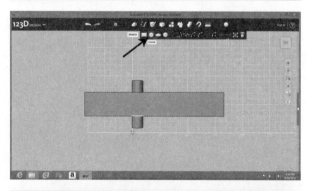

单击此按钮。光标移动至矩形内。单击左键。

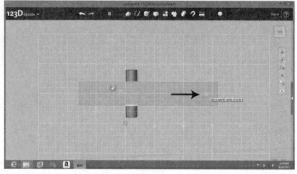

从右下角开始移动光标，向左 2 格，向上 2 格。单击左键。轻微移动光标。输入 15。

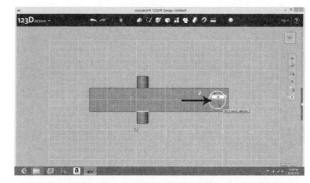

单击左键。滑动光标到"构建"（Construct），下拉选择"挤出"（Extrude）。

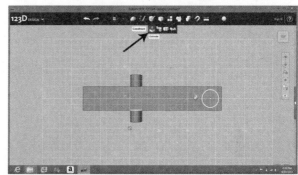

单击此按钮。光标移动到圆内。单击左键。

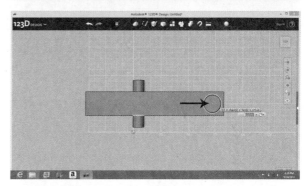

输入 -5，挖出凹槽。

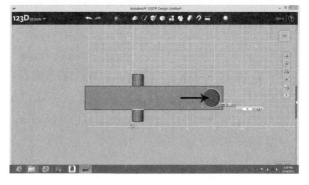

按回车键，移动光标到左上角的"123D"。在下拉菜单中，选择"导出 STL"（Export STL），保存文件，用于打印。

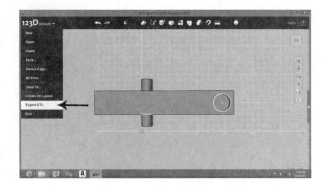

若要保存设计文件，移动光标到左上角的"123D"，下拉选择"保存"（Save）。

用 SketchUp 设计投石机

投石机底座

先新建项目。在"相机"菜单中下拉选择"标准视图"。找到"前视图"，然后单击。

选择"形状 / 矩形"图标。单击此按钮。将光标移动到红蓝线交汇处。按住鼠标左键不放。向右滑动，略微偏上。输入 100,45。按回车键。松开鼠标。

找到"缩放"图标。单击此按钮。将指针移动到矩形处。转动滚轮，使矩形撑满半屏。

选择"形状 / 矩形"图标。单击此按钮。将光标移动到刚绘制的矩形左上角。

按住左键不放。向右滑动光标，略微偏下。输入 55,35，然后按回车键。松开鼠标。

将指针光标滑动到右上角。按住左键不放。向左滑动光标，略微偏下。输入 20,35，然后按回车键。松开鼠标。

找到"选择"图标，并单击。指针移入左上方的那个矩形区域。单击左键。选择"编辑"，在下拉项中找到"删除"。单击左键。滑动光标到右上方的矩形内。单击左键。单击"编辑"，下拉选择"删除"，并单击。

选择"推 / 拉"图标，并单击。将光标移动至白色区域内。按住左键不放，向上滑动。输入 40，然后按回车键。松开鼠标。

找到"相机"，下拉选择"标准视图"。找到"右视图"，然后单击。

找到"卷尺工具"图标。单击此按钮。指针移动至上方那个矩形的右上角。按住鼠标左键不放，水平向左移动。输入 9，然后按回车键。松开鼠标。

选择"形状 / 矩形"图标。单击此按钮。将指针移动至刚绘制的参考点。

按住左键不放。向左移动光标，略微偏下。输入 22,35，然后按回车键。松开左键。

选择"推 / 拉"图标，并单击。将光标移动至刚绘制的矩形内。按住左键不放，向下滑动。输入 25，然后按回车键。松开鼠标。

找到"选择"图标。单击此按钮。光标移动到刚执行过"推"操作的矩形内。单击左键。单击"编辑"，然后下拉选择"删除"，并单击。

回到"相机"菜单，下拉选择"标准视图"。找到"前视图"，然后单击。

找到"卷尺工具"图标。单击此按钮。指针移动至白色图像的右上角。按住鼠标左键不放，向左移动。输入 5，然后按回车键。松开鼠标。

滑动光标至"形状 / 矩形"图标，然后单击此按钮。将指针移动到刚标记的参考点。按住鼠标左键不放。向左移动，再略微偏下。输入 12,15，然后按回车键。松开鼠标。

选择"推 / 拉"图标，并单击。将光标移动至刚绘制的矩形内。按住左键不放，向下拖动。输入 9，然后按回车键。松开左键。

找到"相机"菜单，下拉选择"标准视图"。找到"后视图"，然后单击。

找到"卷尺工具"图标。单击此按钮。指针移动至白色图像的左上角。

按住鼠标左键不放，向右移动。输入 5，然后按回车键。松开鼠标。

选择"形状 / 矩形"图标。单击此按钮。将指针移动至刚标记的参考点。按住鼠标左键不放。向右移动，略微偏下。输入 12,15，然后按回车键。松开鼠标。

选择"推 / 拉"图标，并单击。将光标移动至刚绘制的矩形内。按住左键不放，向下拖动。输入 9，然后按回车键。松开左键。

滑动光标到"选择"图标，并单击。单击"编辑"，然后在下拉项中找到"全选"。单击此按钮。

回到顶部菜单，找到"文件"，然后下拉选择"导出 STL"。单击此处。该文件可用于打印投石机底座。

若要保存设计文件，选择"文件"，然后单击"保存"。

投石机杠杆

先新建项目。在"相机"菜单中下拉选择"标准视图"。找到"前视图",然后单击。

选择"形状/矩形"图标。单击此按钮。将光标移动到红蓝线交汇处。按住鼠标左键不放。向右上方滑动。输入 120,10,然后按回车键。松开鼠标。

找到"缩放"图标。单击此按钮。将指针移动到矩形处(看起来黑乎乎的一小团),然后转动滚轮,使矩形几乎撑满整个屏幕。

选择"推/拉"图标,并单击。将光标移动至白色矩形内。按住左键不放,略微向上移动。输入 20,然后按回车键。松开左键。

找到"卷尺工具"图标。单击此按钮。指针移动至矩形左下角。按住左键不放。向右滑动光标。输入 45,然后按回车键。松开左键。

移动光标,与刚标记的参考点对齐。按住鼠标不放,笔直向上移动。输入 5,然后按回车键。松开左键。

选择"形状/圆"图标。单击此按钮。移动光标,与上一步确定的参考点重合。按住鼠标左键不放。向远离参考点的方向移动。输入 5,然后按回车键。松开鼠标。

选择"推/拉"图标,并单击。将光标移动至圆内。按住左键不放,向左滑动。输入 10,然后按回车键。松开左键。

选择"相机",然后下拉选择"标准视图"。找到"后视图",然后单击。

找到"卷尺工具"图标。单击此按钮。光标移动至矩形右下角。按住鼠标左键不放,向左移动。输入 45,然后按回车键。松开鼠标。

移动指针,与刚标记的参考点对齐。按住鼠标左键不放,笔直向上移动。输入 5,然后按回车键。松开鼠标。

选择"形状/圆"图标。单击此按钮。移动光标,与上一步确定的参考点重合。按住鼠标左键不放。向远离参考点的方向移动。输入 5,然后按回车键。松开鼠标。

选择"推/拉"图标,并单击。将光标移动至圆内。按住左键不放,向右移动。输入 10,然后按回车键。松开左键。

在"相机"菜单中下拉选择"标准视图"。找到"顶视图",然后单击。

找到"卷尺工具"图标。单击此按钮。指针移动至矩形右下角。按住鼠标左键不放,向左移动。输入 10,然后按回车键。松开鼠标。

滑动光标,与刚标记的参考点重合。按住鼠标左键不放。笔直向上滑动光标。输入 10,然后按回车键。松开鼠标。

选择"形状/圆"图标。单击此按钮。移动光标,与上一步确定的参考点重合。按住鼠标左键不放。向远离参考点的方向移动。输入 7.5,然后按回车键。松开鼠标。

选择"推 / 拉"图标，并单击。将光标移动至刚绘制的圆内。按住左键不放，略微向左移动。输入 5，然后按回车键。松开左键。

滑动光标到"选择"图标，并单击。单击"编辑"，然后在下拉项中找到"全选"。单击此按钮。

回到顶部菜单，找到"文件"，然后下拉选择"导出 STL"。单击此处。该文件可用于打印投石机杠杆。

若要保存设计文件，选择"文件"，然后单击"保存"。

项目 9

小火车

在本章节，你将设计 1 辆火车，包括车体、轮子和固定轮子的轮轴。

车体

选择"基本体"（Primitives），在下拉项中找到"立方体"（Box）。

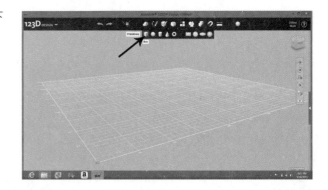

单击此按钮。将立方体拖动到工作区域的左下方。输入 20，然后按 Tab 键。输入 80，然后按 Tab 键。输入 26。

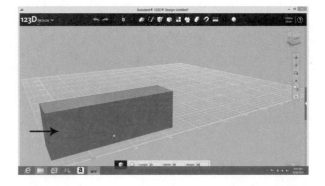

按回车键，然后移动光标到视图立方块的"前"（Front）。

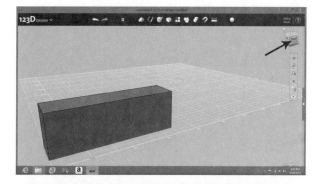

单击此处。光标移动到"草图"（Sketch），在下拉菜单找到"曲线"（Spline）。

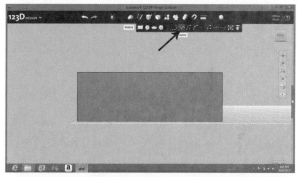

单击此按钮。光标移至矩形内。单击左键。

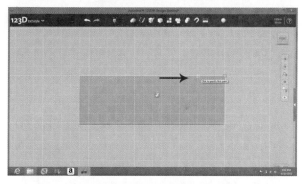

从右上角开始滑动光标，向左移动3格。单击此处。向下滑动约2格，向左4格。（不需要精确定位——创造属于你的形状。）

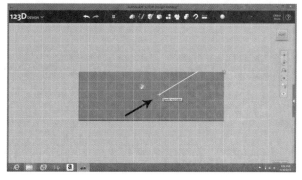

单击左键。向左上方滑动光标。

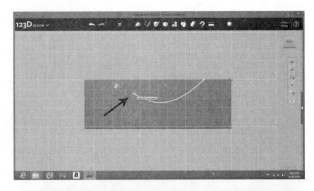

单击左键。从左下角开始向上滑动2格。

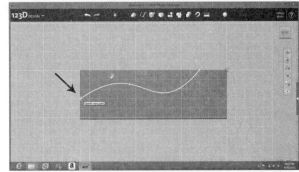

单击左键。滑动光标，向左2格，向上约6格。

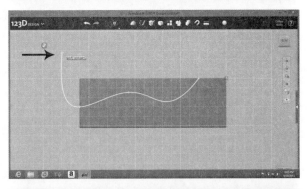

单击左键。光标重回起点。单击左键。

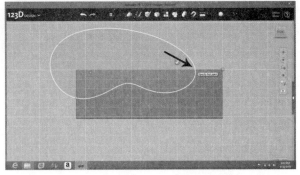

选择"构建"（Construct），在下拉
项中找到"挤出"（Extrude）。

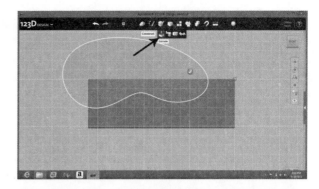

单击此按钮。将光标移动到刚绘制的图
形中。单击左键。

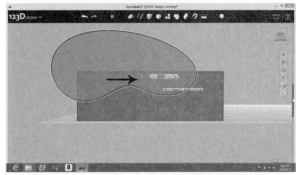

输入 -20。

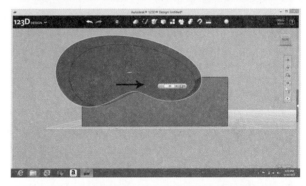

按 回 车 键。光标移动到" 草 图"
（Sketch），在下拉项中找到"圆"（Circle）。

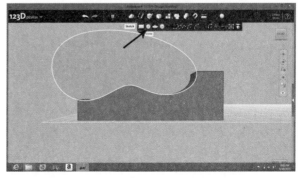

单击此处。滑动光标到车体的下半部分。

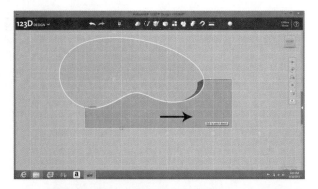

单击左键。从右下角开始滑动光标，向左 3 格，向上 1 格。单击左键。轻微滑动光标。

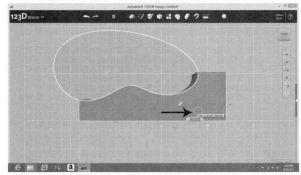

输入 4.5。

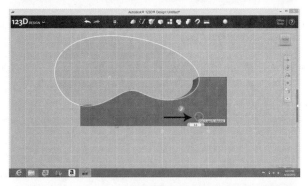

单击左键。从左下角开始滑动光标，向右 3 格，向上 1 格。单击左键。轻微滑动光标。输入 4.5。

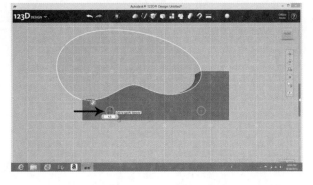

单击左键。光标滑动到"构建"
（Construct），在下拉项中找到"挤出"
（Extrude）。

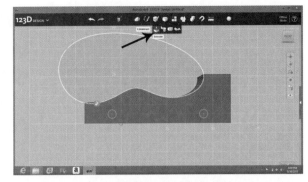

单击左键。光标移入左圆内。单击左键。

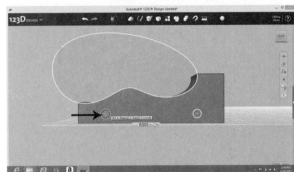

滑动光标至右圆内。单击左键。

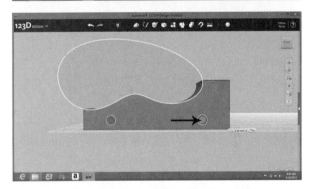

光标移入白色文本框内（位于模型右
侧）。单击左键。按退格键，清空数字和文字。

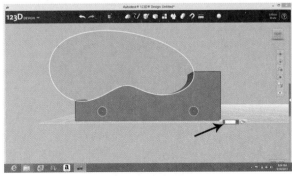

输入 -28。这是穿过车体的距离，并在另一头超出 8mm。用于在火车背面创建轮轴。

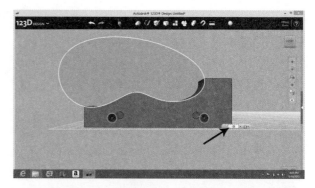

光标滑动到白色文本框的右侧。

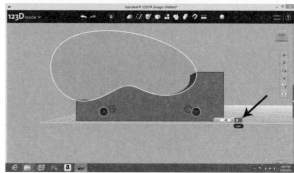

单击左键。下拉选择"合并"（Merge）。

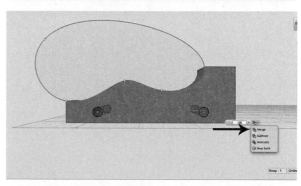

单击此选项。

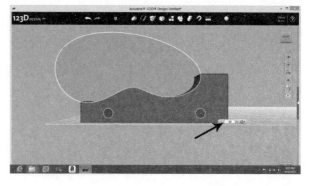

按回车键。移动光标到"构建"
（Construct），在下拉项中找到"挤出"
（Extrude）。

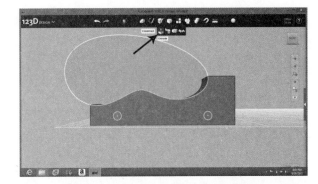

单击左键。光标移入左圆内。单击左键。

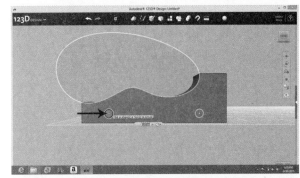

滑动光标至右圆内。单击左键。

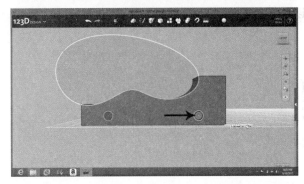

光标移入白色文本框中（位于模型右
端）。单击左键。按退格键，清空文本框。
输入 8。用于在火车正面创建轮轴。

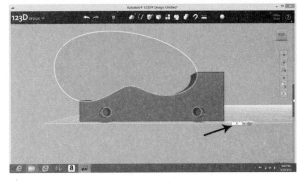

按回车键，移动光标到左上角"123D"。在下拉菜单中，选择"导出 STL"（Export STL），保存文件，用于打印。

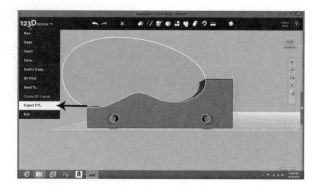

若要保存设计文件，移动光标到左上角"123D"，下拉选择"保存"（Save）。

车轮

设计轮子的过程中，你要制作一个厚实的圆，然后在中央挖一个洞。

找到"基本体"（Primitives），在下拉项中选择"圆柱体"（Cylinder）。

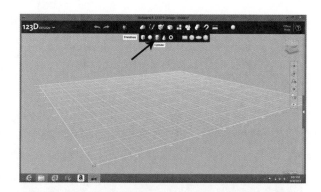

单击此按钮。将圆柱体拖到工作区域左下方。输入 12，然后按 Tab 键。输入 5。

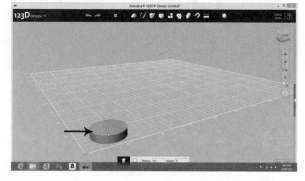

按回车键。滑动光标到视图立方块的"顶"（Top）。

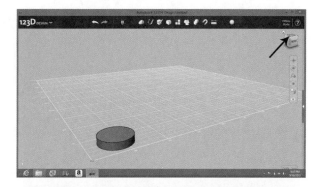

单击此处。移动光标至"草图"（Sketch），在下拉项中找到"圆"（Circle）。

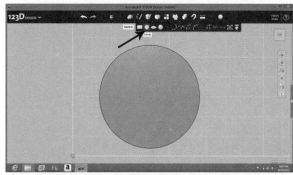

单击此按钮。光标移入圆内。

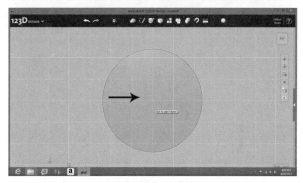

单击左键。滑动光标至圆心（网格线交汇处）。单击左键。轻微移动光标。

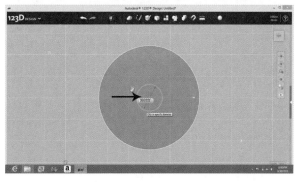

输入 6。

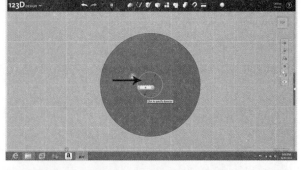

单击左键。移动光标到"构建"（Construct），在下拉项中找到"挤出"（Extrude）。

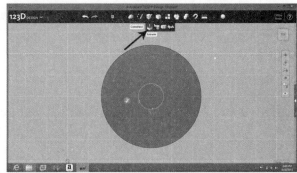

单击此按钮。光标移入内圆中。单击左键。

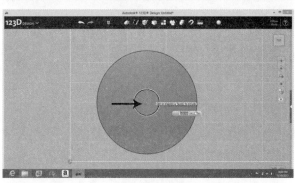

输入 -5。

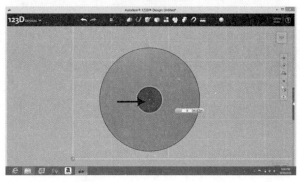

按回车键，移动光标到左上角"123D"。在下拉菜单中，选择"导出 STL"（Export STL），保存文件，用于打印。你需要打印四个轮子。

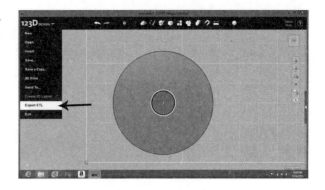

若要保存设计文件，移动光标到左上角"123D"，下拉选择"保存"（Save）。

轮毂

找到"基本体"（Primitives），在下拉项中选择"圆柱体"（Cylinder）。

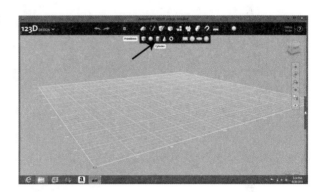

单击此按钮。将圆柱体拖到屏幕左下方。半径（radius）输入 4，然后按 Tab 键。高度（height）也输入 4。

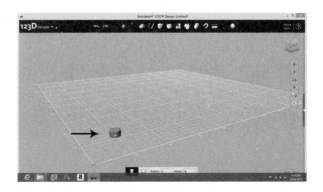

按回车键。滑动光标到视图立方块的
"顶"（Top）。

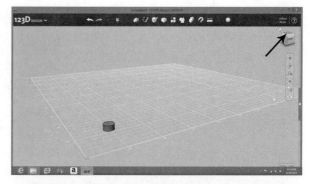

单击此处，移动光标至"草图"
（Sketch），下拉项中找到"圆"（Circle）。

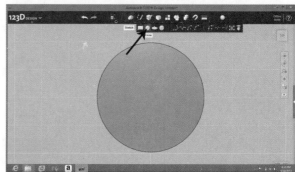

单击此按钮。光标移入圆内。单击左键，
滑动光标至圆心，单击左键，轻微移动光标。

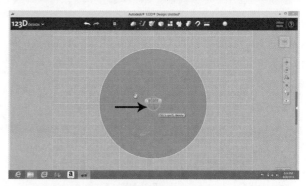

直径（diameter）输入 5。

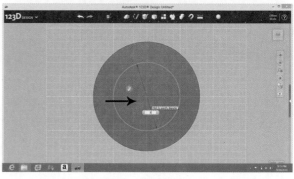

单击左键。移动光标到"构建"（Construct）处，在下拉项中找到"挤出"（Extrude）。

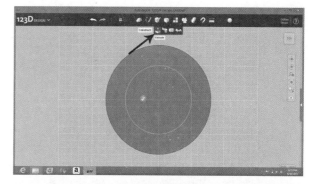

单击此按钮。光标移入小圆内。单击左键。

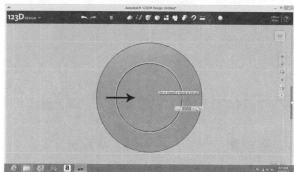

输入 -2。

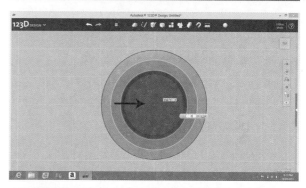

按回车键，移动光标到左上角"123D"。在下拉菜单中，选择"导出 STL"（Export STL），保存文件，用于打印。你需要打印四个轮毂。

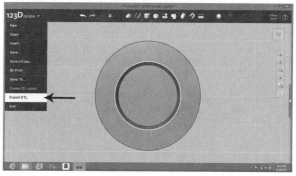

若要保存设计文件，移动光标到左上角"123D"，下拉选择"保存"（Save）。

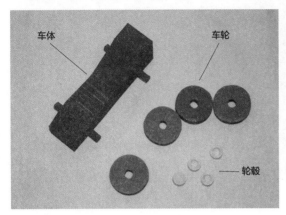

用 SketchUp 设计火车

车体

先新建项目。找到"相机"，下拉选择"标准视图"。找到"前视图"，然后单击。

选择"形状 / 矩形"图标。单击左键。移动光标至原点。按住鼠标左键不放。向右滑动光标，略微偏上。输入 80,26，按回车键。松开鼠标。

选择"缩放"图标，并单击按钮。将指针拖动到矩形处，然后转动滚轮，使矩形撑满半屏。

找到"卷尺工具"图标，并单击。将指针移动到矩形右上角。按住鼠标左键不放。水平向左拖动光标。输入 15，按回车键。松开左键。

选择"直线"（左起第 3 个图标），在下拉项中找到"手绘线"。单击此按钮。移动光标至刚才用卷尺工具标记的参考点。按住鼠标左键不放。参考第 128 页第二张底部绘制图形。松开左键。

找到"选择"图标，并单击。光标移动至矩形左上部。单击此处（该区域会布满黑点）。选择"编辑"，在下拉项中找到"删除"。单击此按钮。

找到"推 / 拉"图标，并单击。滑动指针至火车车体下半部分。按住鼠标左键不放。移动光标。输入 20，按回车键。松开鼠标。

找到"卷尺工具"图标，并单击。将光标移动到矩形左下角。按住鼠标左键不放，同时向右滑动。输入 15，按回车键。松开左键。将光标移动至刚确定的参考点。按住鼠标左键不放，笔直向上拖动。输入 5，然后按回车键。松开左键。

光标移动到右下角。按住左键不放，同时向左滑动。输入 15，按回车键。松开鼠标。移动光标至刚标记的参考点。按住左键不放，笔直向上拖动。输入 5，然后按回车键。松开左键。

选择"形状 / 圆"图标，并单击。滑动指针至左参考点。按住鼠标左键不放，轻微滑动。输入 2.25（半径），按回车键。松开左键。

滑动光标至右参考点。按住鼠标左键不放，轻微滑动。输入 2.25（半径），按回车键。松开左键。

找到"推 / 拉"图标，并单击。滑动光标至左圆内。按住鼠标左键不放，向左移动。输入 8，然后按回车键。松开鼠标。

光标移动至右圆内。按住左键不放，向右滑动。输入 8，然后按回车键。松开鼠标。

接着，对车体的另一侧进行相同操作。找到"相机"，下拉选择"标准视图"。找到"后视图"，然后单击。

找到"卷尺工具"图标，并单击。将光标移动到矩形左下角。按住鼠标左键不放，然后向右拖动光标。输入 15，按回车键。松开左键。移动光标至刚才标记的参考点。按住鼠标左键不放，笔直向上拖动。输入 5，然后按回车键。松开左键。

光标移动到右下角。按住左键不放，同时向左滑动。输入 15，按回车键。松开鼠标。移动光标至刚标记的参考点。按住左键不放，笔直向上拖动。输入 5，然后按回车键。松开左键。

选择"形状 / 圆"图标，并单击。滑动光标至左参考点。按住鼠标左键不放，轻微滑动。输入 2.25（半径），按回车键。松开左键。

滑动光标至右参考点。按住鼠标左键不放，轻微滑动。输入 2.25（半径），按回车键。松开左键。

找到"推 / 拉"图标，并单击。滑动光标至左圆内。按住鼠标左键不放，向左移动。输入 8，然后按回车键。松开鼠标。

光标移动至右圆内。按住左键不放，向右滑动。输入 8，然后按回车键。松开鼠标。

滑动光标到"选择"图标，并单击。单击"编辑"，然后在下拉项中找到"全选"。单击此按钮。

回到顶部菜单，找到"文件"，然后下拉选择"导出 STL"。单击此处。该文件可用于打印火车车体。

若要保存设计文件，选择"文件"，然后单击"保存"。

车轮

先新建项目。找到"相机"，下拉选择"标准视图"。找到"前视图"，然后单击。

找到"形状 / 圆"图标，并单击。

将光标移至原点。按住鼠标左键不放，轻微滑动。输入 12，然后按回车键。松开左键。

选择"缩放"图标，并单击。向下移动光标，然后转动鼠标滚轮，使圆撑满 1/3 屏幕。

找到"形状 / 圆"图标，并单击。光标移动到原点。按住鼠标左键不放，轻微滑动。输入 3，然后按回车键。松开左键。

找到"选择"图标，并单击。光标移动到内部小圆处。单击左键。

选择"编辑"，然后在下拉项中找到"删除"。单击此按钮。

找到"推／拉"图标，并单击。滑动光标至蓝色车轮区域内。按住鼠标左键不放，并滑动。输入 5，然后按回车键。松开鼠标。

滑动光标到"选择"图标，并单击。单击"编辑"，然后在下拉项中找到"全选"。单击此按钮。

回到顶部菜单，找到"文件"，然后下拉选择"导出 STL"。单击此处。该文件可用于打印一只车轮。而你需要四只轮子。

若要保存设计文件，选择"文件"，然后单击"保存"。

轮毂

先新建项目。找到"相机"，下拉选择"标准视图"。找到"前视图"，然后单击。

找到"形状／圆"图标，并单击。

将光标移至原点。按住鼠标左键不放，轻微滑动。输入 4，然后按回车键。松开左键。

选择"缩放"图标，并单击。向下移动光标，然后转动鼠标滚轮，使圆撑满⅓屏幕。

找到"推／拉"图标，并单击。滑动光标至圆的下半部分。按住鼠标左键不放，轻微滑动。输入 4，然后按回车键。松开鼠标。

找到"形状／圆"图标，并单击。将光标移至原点。按住鼠标左键不放，轻微滑动。输入 2.5，然后按回车键。松开左键。

找到"推／拉"图标，并单击。滑动光标至小圆下半部分。按住鼠标左键不放，略微向上滑动。输入 2，然后按回车键。松开鼠标。

滑动光标到"选择"图标，并单击。单击"编辑"，然后在下拉项中找到"全选"。单击此按钮。

回到顶部菜单，找到"文件"，然后下拉选择"导出 STL"。单击此处。该文件可用于打印轮毂。你需要打印 4 只轮毂。

若要保存设计文件，选择"文件"，然后单击"保存"。

火车轨道

在本章节中，你将为小火车设计轨道。你将设计 1 片直板、1 片带折角的弯轨，以及各种连接件。

直轨

选择"基本体"（Primitives），在下拉项中找到"立方体"（Box）。

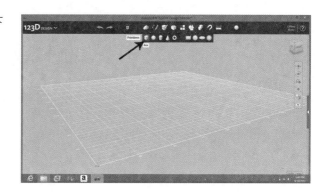

单击此按钮。将立方体拖动到工作区域的左下方。

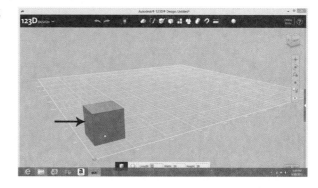

输入 50，然后按 Tab 键。输入 100，然后按 Tab 键。输入 8。

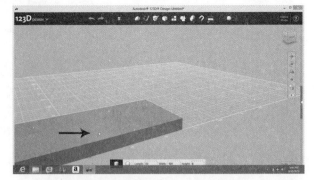

按回车键，然后移动光标至视图立方块的"顶"（Top）。

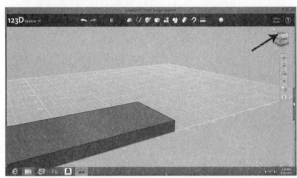

单击此处。滑动光标至"草图"（Sketch），然后下拉选择"矩形"（Rectangle）。

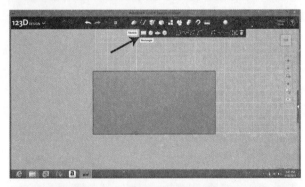

单击此按钮。光标滑动入矩形内。

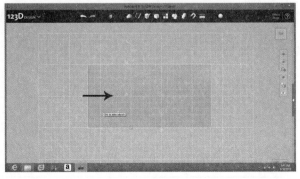

单击左键。滑动光标到左下角，然后向上移动 1 个网格。单击左键。向右移动光标，略微偏上。

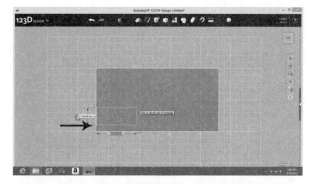

输入 100，然后按 Tab 键。输入 40。

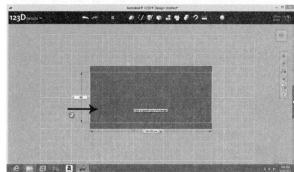

单击左键。选择"构建"（Construct），下拉找到"挤出"（Extrude）。

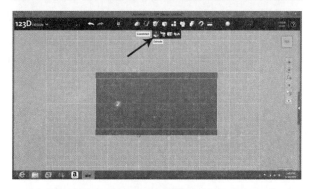

单击此按钮。光标移入内矩形。单击左键。

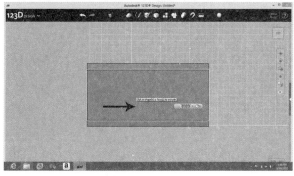

输入 –5。

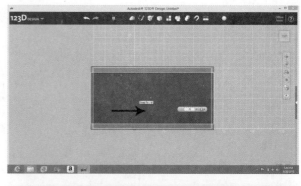

按回车键。滑动光标至"草图"（Sketch），下拉选择"圆"（Circle）。

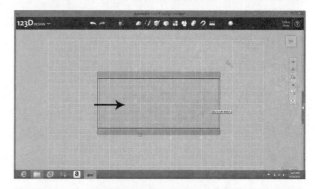

单击此按钮。光标移入内部小矩形。

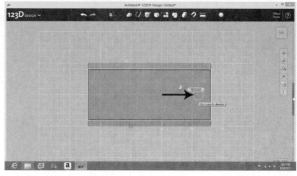

单击左键。滑动光标至右下角，然后向上移动 5 个网格，向左移动 2 格。单击此处。轻微滑动光标。

输入 4 。

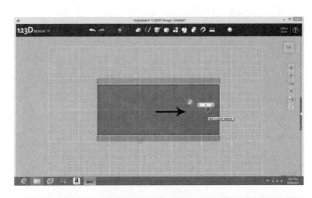

单击左键。光标滑至左下角，然后向上
移动 5 个网格，向右移动 2 格。单击此处。
轻微滑动光标。

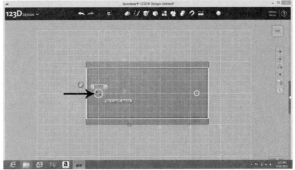

输入 4 。

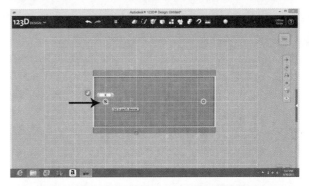

单击左键。滑动光标至"构建"
（Construct），然后在下拉项中找到"挤出"
（Extrude）。

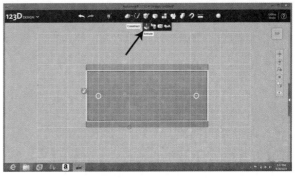

单击此按钮。光标移入左圆。单击此处。

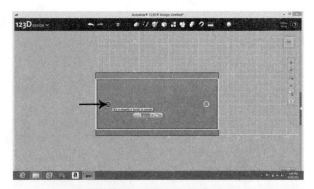

将光标移入右圆。单击鼠标左键。

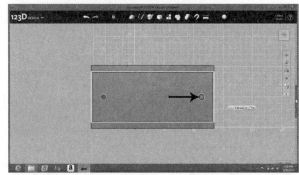

光标移入白色文本框中（位于右侧）。单击此处。按退格键，清空数字和字符。

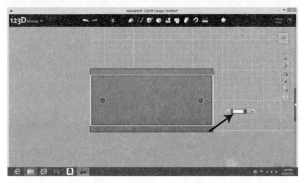

输入 -8。向右滑动光标，停留在黑色小箭头处。单击此处。在下拉项中找到"裁剪"（Subtract），然后单击此选项。

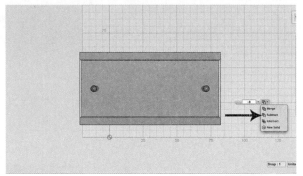

　　按回车键，移动光标到左上角"123D"。在下拉菜单中，选择"导出 STL"（Export STL），保存文件，用于打印。

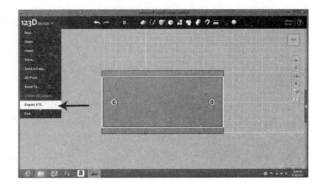

　　若要保存设计文件，移动光标到左上角"123D"，下拉选择"保存"（Save）。

弯轨

　　制作弯轨，先从直板入手。可以接着上一步完成的直轨继续操作，也可以重新打开直轨的设计文件（如果你已经关闭该文件的话）。

　　选择"草图"（Sketch），在下拉菜单中找到"多段线"（Polyline）。

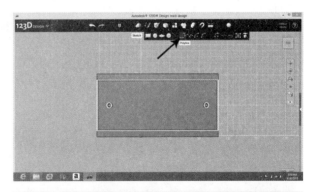

　　单击此按钮。光标移入矩形内，停留在左下角附近。单击左键。

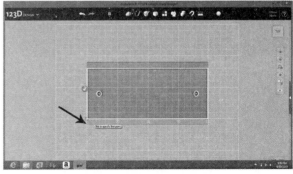

将光标置于左下角。单击左键。滑动光标到矩形上方，再右移。

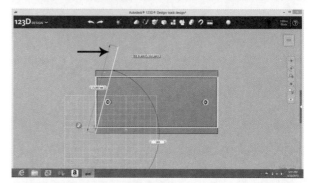

按 Tab 键。"角度"（deg）文本框会显示为蓝色。输入 165。

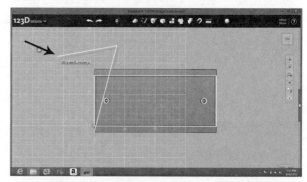

单击左键。滑动光标至矩形左侧。没有精确的定位点，只要保证直线与矩形不相交即可。单击左键。

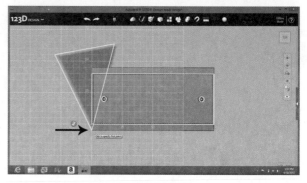

光标重回矩形左下角。单击左键。

滑动光标至"构建"（Construct），
在下拉项中找到"挤出"（Extrude）。

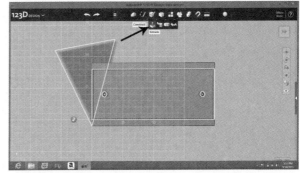

单击此按钮。滑动光标至刚绘制的三角
形内。单击左键。

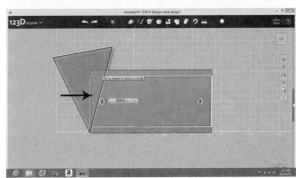

输入 -8，移除选中部分。

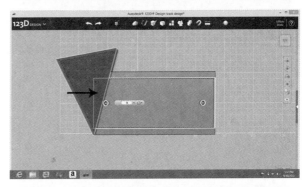

按回车键。滑动光标至"草图"
（Sketch），在下拉菜单中找到"多段线"
（Polyline）。

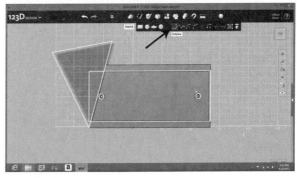

单击此按钮。光标移入矩形内，停留在右下角附近。单击左键。

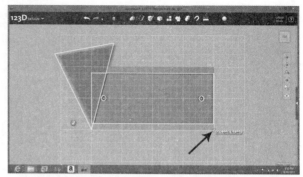

将光标置于矩形右下角。单击左键。滑动光标到矩形上方，再略微左移。

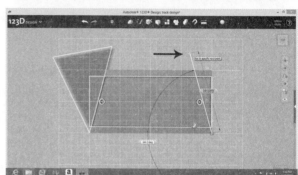

按 Tab 键。"角度"（deg）文本框会显示为蓝色。输入 165。

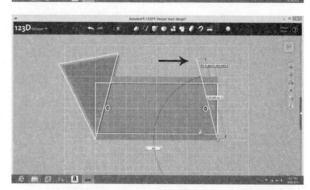

单击左键。滑动光标至矩形右侧。单击左键。

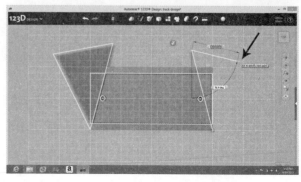

光标重回矩形右下角。单击左键。

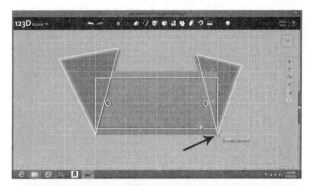

滑动光标至"构建"（Construct），
在下拉项中找到"挤出"（Extrude）。

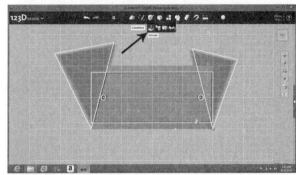

单击此按钮。滑动光标至右侧三角形内。
单击左键。

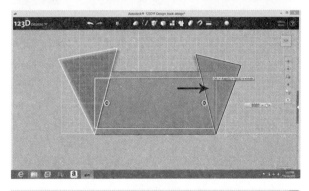

输入 -8。

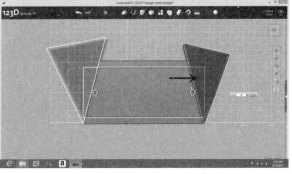

按回车键，移动光标到左上角"123D"。在下拉菜单中，选择"导出 STL"（Export STL），保存文件，用于打印。

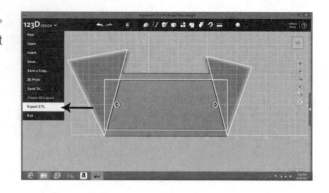

若要保存弯轨的设计文件，移动光标到左上角"123D"，下拉选择"保存副本"（Save a Copy）。如果单击的是"保存"（Save），而非"保存副本"（Save a Copy）的话，就会覆盖之前的直轨文件（记住，此次创作是基于直轨设计文件）。

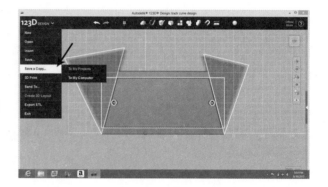

弯轨连接件

选择"基本体"（Primitives），在下拉项中找到"立方体"（Box）。

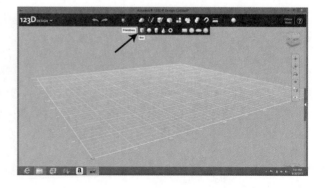

单击此按钮。将立方体拖动到工作区域的左下方。

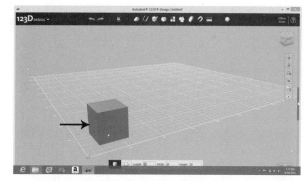

输入 5，然后按 Tab 键。输入 12，然后按 Tab 键。输入 2。

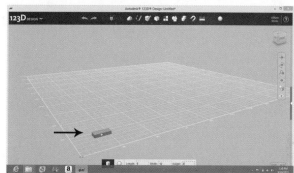

按回车键。滑动光标至视图立方块的"顶"（Top）。

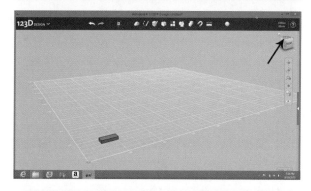

单击此处。滑动光标至"草图"（Sketch），在下拉菜单中找到"圆"（Circle）。

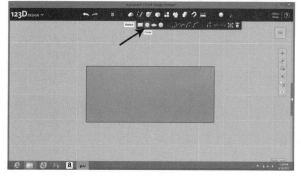

单击此按钮。光标移入矩形内。单击
左键。

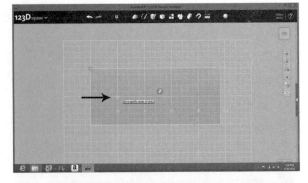

从左下角开始移动光标，向右 2.5mm，
向上 2.5mm。单击左键。轻微滑动。

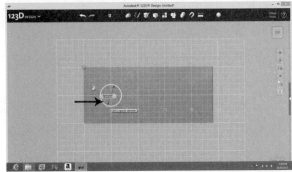

输入 3.5。

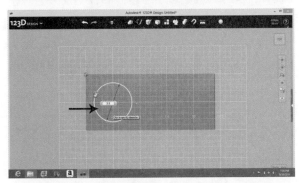

单击左键。从矩形右下角开始移动光标，
向上 2.5mm，向左 2.5mm。

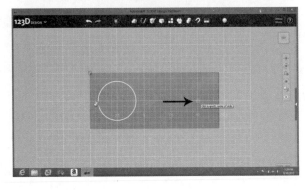

单击左键。轻微滑动。输入 3.5。

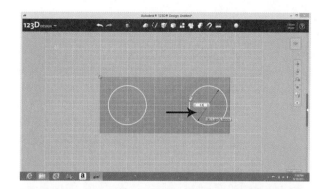

单击左键。滑动光标至"构建"（Construct），在下拉项中找到"挤出"（Extrude）。

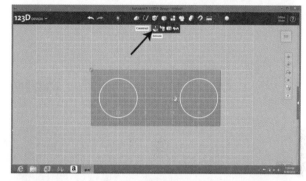

单击此按钮。光标移入左圆。单击左键。

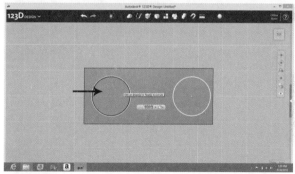

光标移入右圆。单击左键。

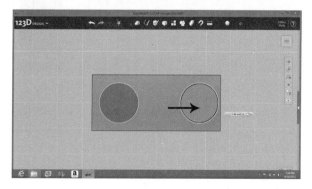

滑动光标至文本框内（位于右端）。单击左键。按退格键，清空数字和字符。

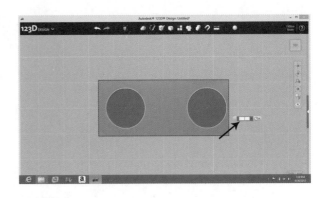

输入 3，创建 2 根桩钉。

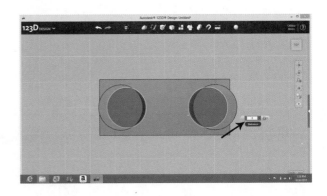

按回车键，移动光标到左上角"123D"。在下拉菜单中，选择"导出 STL"（Export STL），保存文件，用于打印。

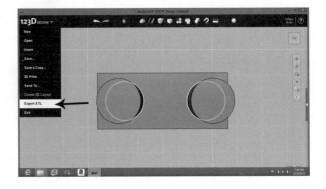

若要保存设计文件，移动光标到左上角"123D"，下拉选择"保存"（Save）。

弯轨 – 直轨连接件

与弯轨连接件的制作步骤相同，只是把立方体宽度设为 20，2 个圆心的间距设为 14。

直轨 – 直轨连接件

与弯轨连接件的制作步骤相同，只是把立方体宽度设为 25，2 个圆心的间距设为 20。

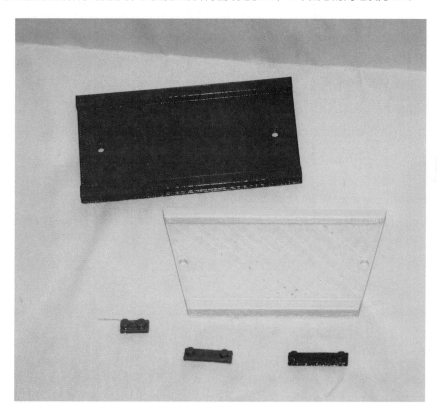

用 SketchUp 设计火车轨道

直轨

先新建文件。找到"相机"，然后下拉选择"标准视图"，找到"前视图"。单击此处。

找到"形状／矩形"图标，并单击。

滑动光标至红蓝线交汇处。按住左键不放。向右滑动光标，略微偏上。输入 100,50，按回车键。松开左键。

选择"缩放"图标。单击左键。滑动光标至矩形。转动鼠标滚轮，让矩形几乎撑满整个工作区域。

选择"卷尺工具"图标，并单击。

指针移动至左下角。按住鼠标左键不放。向右移动指针。输入 10，然后按回车键。松开左键。

将光标移动至刚标记的参考点。按住左键不放。向上拖动指针。输入 25，然后按回车键。松开左键。

移动光标到右下角。按住左键不放。向左拖动指针。输入 10，然后按回车键。松开左键。

将光标移动至刚标记的参考点。按住左键不放。向上拖动指针。输入 25，然后按回车键。松开左键。

移动光标至左下角。按住左键不放。笔直向上滑动。输入 5，然后按回车键。松开左键。

移动光标至左上角。按住左键不放。笔直向下滑动。输入 5，然后按回车键。松开左键。

移动光标至左上角。按住左键不放。水平向右滑动光标。输入 13.4，然后按回车键。松开左键。

移动指针至右上角。按住左键不放。水平向左滑动光标。输入 13.4，然后按回车键。松开左键。

找到"文件"，然后下拉选择"另存为"。将文件命名为《模板》并保存。后面将用这份文件创建弯轨。

移动光标至"推／拉"图标，并单击。

移动光标至矩形内，停留在底边。按住左键不放。向上滑动光标。输入 8，然后按回车键。松开左键。

移动光标至"形状／圆"图标，并单击。滑动光标至中间的左参考点。按住左键不放。轻微滑动光标。输入 2，然后按回车键。松开左键。

移动光标至中间的右参考点。按住左键不放。轻微滑动光标。输入 2，然后按回车键。松开左键。

移动光标至"推／拉"图标，并单击。

光标移入左圆内。按住左键不放。向右滑动光标。输入 8，然后按回车键。松开左键。

光标移入右圆内。按住左键不放。向左滑动指针。输入 8，然后按回车键。松开左键。

移动光标至"形状／矩形"图标，并单击。

移动光标至参考点，即左下角上方 5mm 处的点。按住左键不放。向右滑动光标，略微偏上。输入 100,40，按回车键。松开左键。

移动光标至"推／拉"图标，并单击。

光标移入内矩形，停留在底边处。按住左键不放。向上拖动光标。输入 5，按回车键。松开左键。

滑动光标到"选择"图标，并单击。单击"编辑"，然后在下拉项中找到"全选"。单击此按钮。

回到顶部菜单，找到"文件"，然后下拉选择"导出 STL"。单击此处。该文件可用于打印直轨。

在保存设计文件前，务必重命名该文件，以避免覆盖之前保存的模板。若要保存设计文件，选择"文件"，然后单击"另存为"。将文件命名为《直轨》。

弯轨

选择"文件"，下拉单击"打开"。选择《模板》（之前保存的那份文件）。

找到"推 / 拉"图标，并单击。

移动光标至矩形内，停留在底边。按住左键不放。向上拖动光标。输入 8，按回车键。松开左键。

选择"直线"（左起第 3 个图标），然后在下拉菜单中选择"直线"。单击此按钮。

移动光标至左下角。按住左键不放。移动光标至矩形顶部，停留在距离左上角 13.4mm 的参考点处。松开左键。

移动光标至右下角。按住左键不放。移动光标至矩形顶部，停留在距离右上角 13.4mm 的参考点处。松开左键。

找到"推 / 拉"图标，并单击。

移动光标至矩形左侧的三角形内。按住左键不放。略微向右拖动光标。输入 8，按回车键。松开左键。

移动光标至矩形右侧的三角形内。按住左键不放。略微向左拖动光标。输入 8，按回车键。松开左键。

移动光标至"形状 / 圆"图标，并单击。

滑动光标至中间的左参考点。按住左键不放。轻微滑动光标。输入 2，然后按回车键。松开左键。

移动光标至中间的右参考点。按住左键不放。轻微滑动光标。输入 2，然后按回车键。松开左键。

光标移至"直线"，在下拉项中找到"直线"。单击左键。

移动光标，停留在左下角上方 5mm 处的参考点。按住左键不放。水平向右滑动光标，直至白色模型的右侧边缘。松开左键。

移动光标，停留在原矩形左上角下方 5mm 处的参考点。按住左键不放。水平向右滑动光标，直至白色模型的右侧边缘（在笔直右移的过程中，直线会变成红色。）。松开左键。

移动光标至"推 / 拉"图标，并单击。

将光标移入左圆内。按住左键不放。向右滑动光标。输入 8，然后按回车键。松开左键。

将光标移入右圆内。按住左键不放。向左滑动光标。输入 8，然后按回车键。松开左键。

将光标移入中央梯形（斜边的矩形）内，停留在底部边缘附近。按住左键不放。向上滑动光标。输入 5，按回车键。松开左键。

滑动光标到"选择"图标，并单击。单击"编辑"，然后在下拉项中找到"全选"。单击此按钮。

回到顶部菜单，找到"文件"，然后下拉选择"导出 STL"。单击此处。该文件可用于打印弯轨。

在保存设计文件前，务必重命名该文件，以避免覆盖之前保存的《模板》文件。若要保存设计文件，选择"文件"，然后单击"另存为"。将文件命名为《弯轨》。

弯轨连接件

先新建文件。找到"相机",然后下拉选择"标准视图",找到"前视图"。单击此处。

找到"形状/矩形"图标,并单击。

滑动光标至红蓝线交汇处。按住左键不放。向右滑动光标,略微偏上。输入12,5,按回车键。松开左键。

选择"缩放"图标。单击左键。滑动光标至矩形。转动鼠标滚轮,让矩形几乎撑满整个工作区域。

选择"卷尺工具"图标,并单击。

光标移动至左下角。按住鼠标左键不放。向右移动光标。输入2.5,然后按回车键。松开左键。

将光标移动至刚标记的参考点。按住左键不放。向上拖动光标。输入2.5,然后按回车键。松开左键。

指针移动至左下角。按住鼠标左键不放。向右移动光标。输入10,然后按回车键。松开左键。该点位于第1个参考点右侧7.5mm。

指针移动至刚标记的参考点。按住左键不放,向上滑动光标。输入2.5,然后按回车键。松开左键。

找到"推/拉"图标,并单击。指针移入矩形下半部分。按住左键不放,向上滑动光标。输入2,然后按回车键。松开左键。

移动光标至"形状/圆"图标。单击此按钮。

光标移动至左参考点。按住左键不放,略微滑动光标。输入1.75,然后按回车键。松开左键。

光标移动至右参考点。按住左键不放,略微滑动光标。输入1.75,然后按回车键。松开左键。

找到"推/拉"图标,并单击。光标移入左圆。按住左键不放,向左滑动光标。输入3,然后按回车键。松开左键。

光标移入右圆。按住左键不放,向右滑动光标。输入3,然后按回车键。松开左键。

滑动光标到"选择"图标,并单击。单击"编辑",然后在下拉项中找到"全选"。单击此按钮。

回到顶部菜单,找到"文件",然后下拉选择"导出STL"。单击此处。该文件可用于打印弯轨连接件。

若要保存设计文件,选择"文件",然后"保存"。

弯轨 – 直轨连接件

与弯轨连接件的制作步骤相同,只是把立方体宽度设为20,2个圆心的间距设为14。

直轨 – 直轨连接件

与弯轨连接件的制作步骤相同,只是把立方体宽度设为25,2个圆心的间距设为20。

飞机

在本章节中，你将设计 1 架飞机，包括机身、机翼、机尾，以及鼻翼平衡器。

机身

首先找到"基本体"（Primitives），下拉选择"立方体"（Box）。

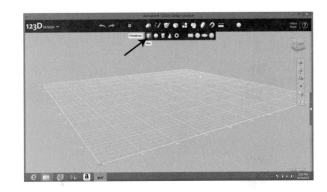

单击此按钮。将立方体拖动到屏幕左下方。

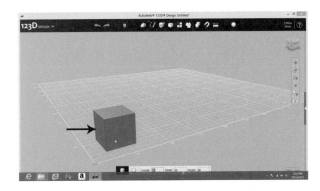

输入 2.5，然后按 Tab 键。输入 200，然后按 Tab 键。输入 55。

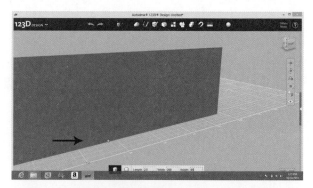

按回车键。移动光标至视图立方块的"前"（Front）。

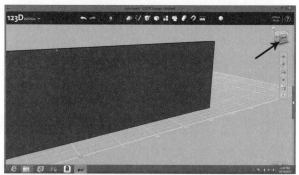

单击此处。滑动光标至"缩放"（右栏从上往下数第 3 个按钮）。

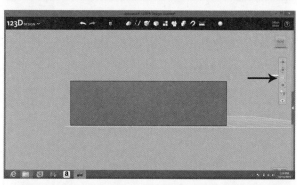

单击此按钮。光标移入工作区域。

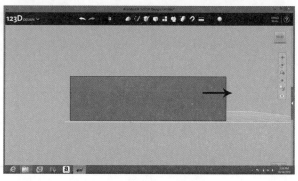

按住鼠标左键不放。转动滚轮，使矩形
几乎撑满整个屏幕，松开鼠标。

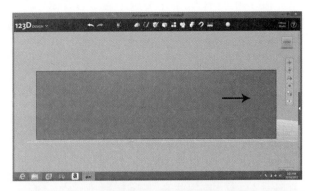

选择"草图"（Sketch），在下拉项
中找到"多段线"（Polyline）。

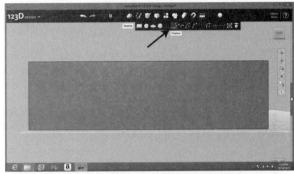

单击左键。光标移入矩形。

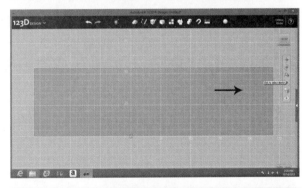

单击左键。滑动光标，停留在右上角左
侧 3 个网格处（15mm）。单击左键。

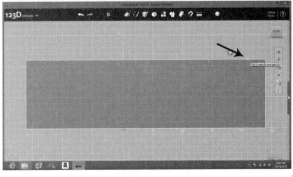

从右下角开始滑动光标，向上 2 个网格，向左 7 个网格（向上 10mm，向左 35mm）。单击左键。

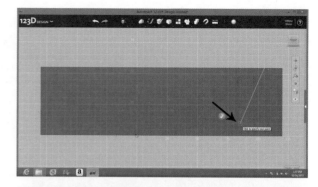

向左滑动光标，至矩形左边。单击左键。

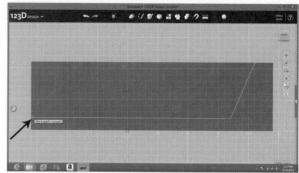

移动光标至左上角。单击左键。

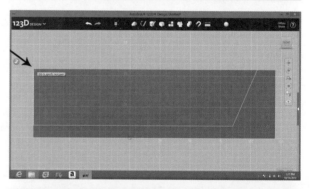

滑动光标，重新回到起点。单击左键。

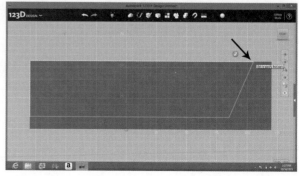

滑动光标，停留在右上角下方1网格、左侧1网格处。单击左键。

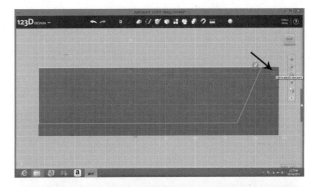

向左移动2格。单击左键。

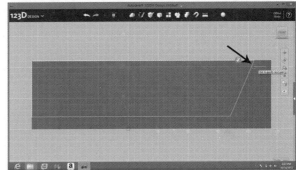

滑动光标，停留在右下角上方2格、左侧6格处。单击左键。

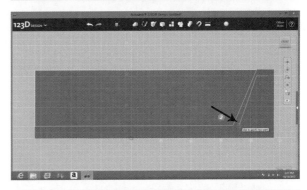

向右滑动5格。单击左键。

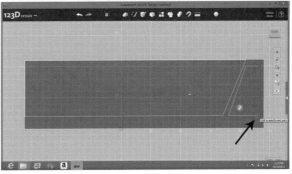

光标回到右上角下方1格、左侧1格处，从而闭合多段线。单击左键。

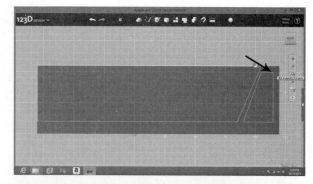

滑动光标到"草图"（Sketch），在下拉项中找到"矩形"（Rectangle）。

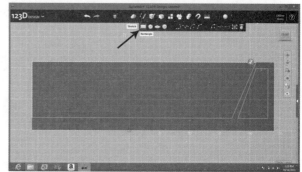

单击左键。滑动光标至机身下半部分。

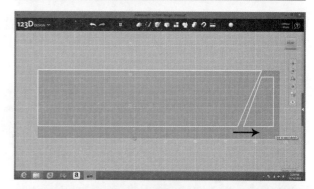

单击左键。滑动光标至右下角上方1格、左侧1格处。单击左键。向左移动光标，然后略微下移。

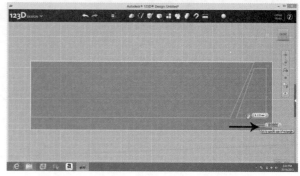

输入 1.5，然后按 Tab 键。输入 35。

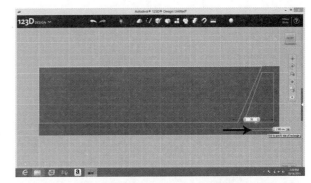

单击左键。滑动光标至右下角上方 1 格、左侧 14 格处。单击左键。向左滑动光标，然后略微下移。

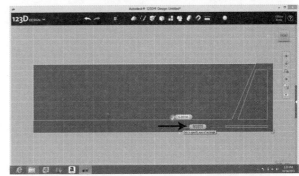

输入 1.5，然后按 Tab 键。输入 55。

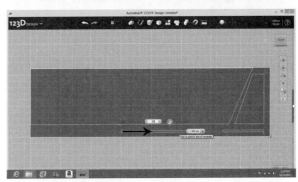

单击左键。找到"构建"（Construct），然后下拉选择"挤出"（Extrude）。

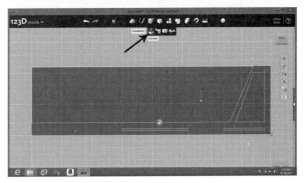

单击此按钮。光标移入矩形左上部。单击左键。

向右移动光标，停留在机尾内。单击左键。

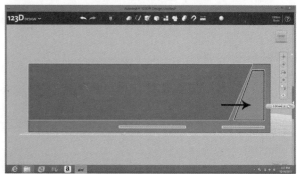

滑动光标至右下角的狭长矩形内。单击左键。

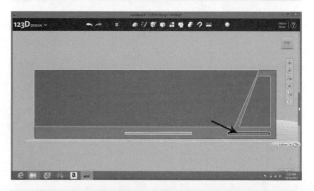

滑动光标至飞机中央下方的狭长矩形内。单击左键。

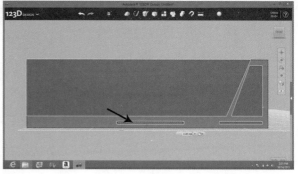

滑动光标至白色文本框中（位于右端）。单击左键。按退格键，清空文本框中数字和文字。

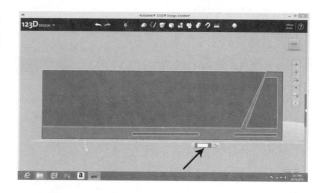

输入 –2.5，挖去高亮部分。

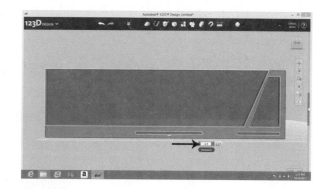

按回车键，移动光标到左上角"123D"。在下拉菜单中，选择"导出 STL"（Export STL），保存文件，用于打印。

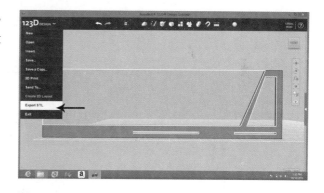

若要保存设计文件，移动光标到左上角"123D"，下拉选择"保存"（Save）。

机翼

找到"基本体"（Primitives），下拉选择"立方体"（Box）。

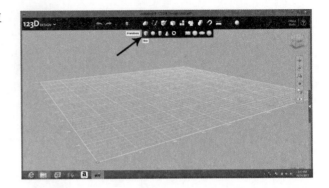

单击此按钮。将立方体拖动到屏幕左下方。输入 0.6，然后按 Tab 键。输入 250，然后按 Tab 键。输入 50。

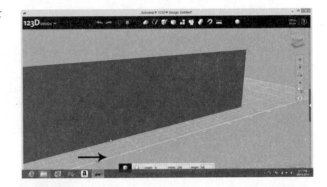

按回车键，移动光标到左上角"123D"。在下拉菜单中，选择"导出 STL"（Export STL），保存文件，用于打印。

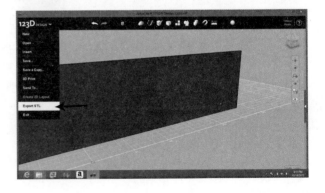

若要保存设计文件，移动光标到左上角"123D"，下拉选择"保存"（Save）。

机尾

找到"基本体"（Primitives），下拉
选择"立方体"（Box）。

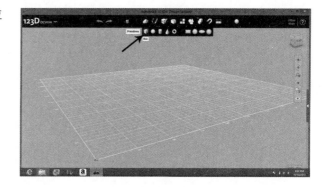

单击此按钮。将立方体拖动到工作区域
的左下方。输入 0.6，然后按 Tab 键。输入
120，然后按 Tab 键。输入 30。

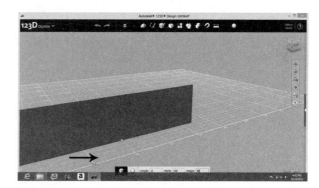

按回车键，然后移动光标至视图立方块
的"前"（Front）。

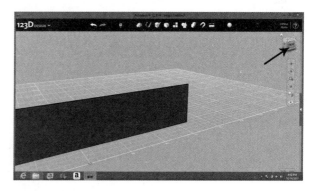

单击此处。滑动光标至右侧菜单栏的"缩放"。

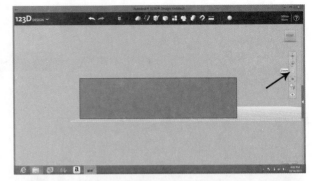

单击此按钮。光标移入工作区域。按住鼠标左键不放。转动滚轮，使矩形几乎撑满整个屏幕。松开鼠标。

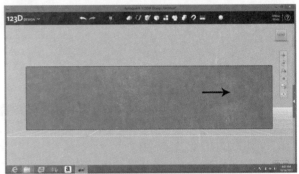

选择"草图"（Sketch），在下拉项中找到"多段线"（Polyline）。单击此按钮。

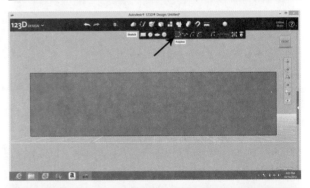

光标移入矩形。

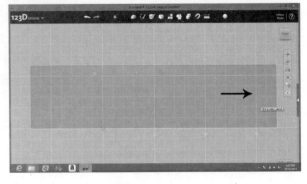

单击左键，滑动光标至右下角上方 2 格处。单击左键。

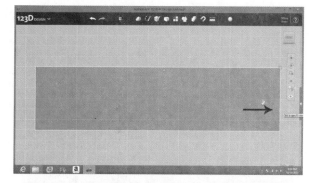

向左上方滑动光标，停留在右上角左侧 10 个网格处。单击左键。

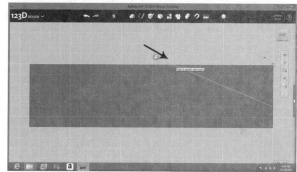

向左移动 4 个网格。单击左键。

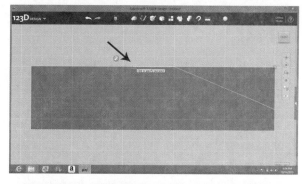

滑动光标至左下角上方 2 个网格处。单击左键。

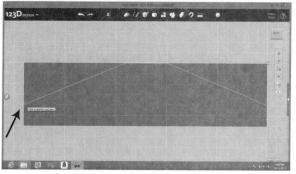

滑动光标至左上角上方 1 格处。单击左键。

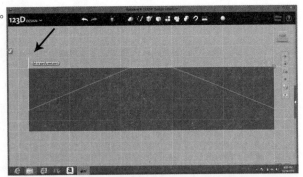

滑动光标至右上角上方 1 格处。单击左键。

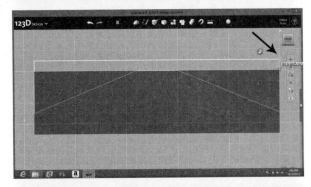

滑动光标至起点（右下角上方 2 格处）。单击左键。

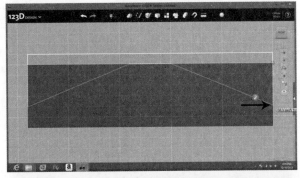

选择"构建"（Construct），在下拉项中找到"挤出"（Extrude）。

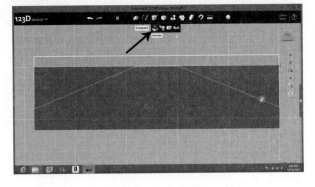

单击此按钮。滑动光标至刚绘制的多边形内。单击左键。

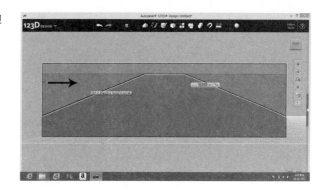

输入 -0.6，切除高亮部分。

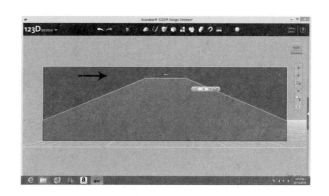

按回车键，移动光标到左上角"123D"。在下拉菜单中，选择"导出 STL"（Export STL），保存文件，用于打印。

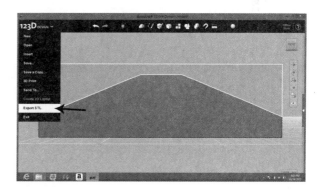

若要保存设计文件，移动光标到左上角"123D"，下拉选择"保存"（Save）。

飞机鼻翼平衡器

找到"基本体"（Primitives），下拉选择"立方体"（Box）。

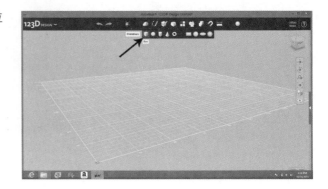

单击此按钮。将立方体拖到屏幕左下方。输入 6，然后按 Tab 键。输入 20，然后按 Tab 键。输入 15。

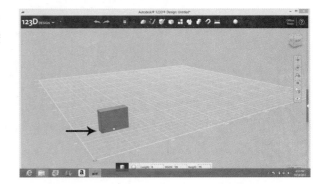

按回车键，然后移动光标至视图立方块的"顶"（Top）。

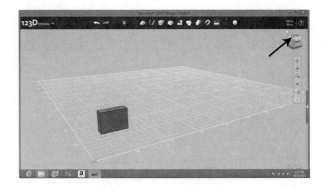

单击此处。滑动光标至右侧菜单栏的"缩放"图标。

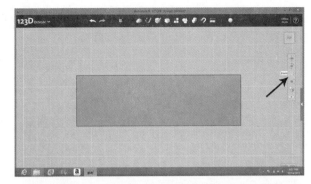

单击此按钮。光标移入工作区域。按住鼠标左键不放。转动滚轮，使矩形几乎撑满工作区域。松开光标。

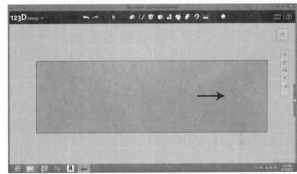

选择"草图"（Sketch），在下拉项中找到"矩形"（Rectangle）。

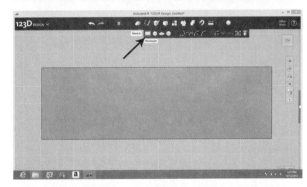

单击此按钮。光标移入矩形。

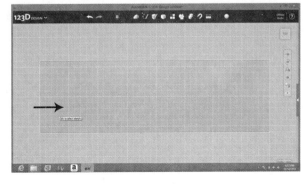

单击左键。滑动光标至左下角上方 2mm 处。单击左键。向右滑动光标，略微偏上。

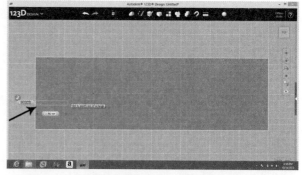

输入 2，然后按 Tab 键。输入 15。

单击左键。移动光标到"构建"（Construct），然后下拉选择"挤出"（Extrude）。

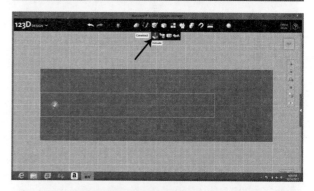

单击左键。移动光标至刚绘制的矩形内。单击左键。

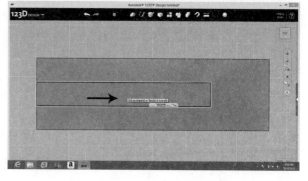

输入 −20，创建凹槽。

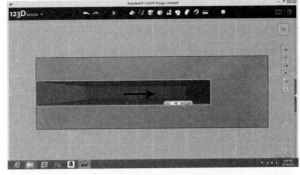

按回车键，移动光标到左上角"123D"。
在下拉菜单中，选择"导出 STL"（Export
STL），保存文件，用于打印。

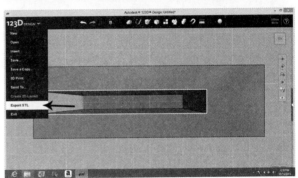

　　若要保存设计文件，移动光标到左上角"123D"，下拉选择"保存"（Save）。

　　将机尾插入机身后部的卡槽。机翼插入中间的卡槽。平衡器装在飞机鼻翼处。弯曲机翼，轻微朝上，
起飞吧。

　　如果机尾或机翼出现左右滑动的情况，就用胶水固定。

用 SketchUp 设计飞机模型

机身

先新建项目。找到"相机",下拉选择"标准视图",然后找到"前视图"。单击此按钮。

找到"形状 / 矩形"图标,并单击。

滑动光标至红蓝线交汇处。按住左键不放。向右滑动光标,略微偏上。输入 200,55,然后按回车键。松开左键。

选择"缩放"图标。单击此按钮。放大矩形,使其几乎撑满整个屏幕。

选择"卷尺工具"图标,并单击。

光标移动至左下角。按住鼠标左键不放。笔直向上移动。输入 10,然后按回车键。松开左键。

光标移至右下角。按住鼠标左键不放。向左移动光标。输入 5,然后按回车键。松开左键。光标移动至刚标记的参考点。按住左键不放。笔直向上移动。输入 5,然后按回车键。松开左键。

光标移动至右下角。按住鼠标左键不放。向左移动光标。输入 35,然后按回车键。松开左键。光标移动至刚标记的参考点。按住左键不放。笔直向上移动。输入 10,然后按回车键。松开左键。

移动光标至右下角。按住鼠标左键不放。向左移动光标。输入 70,然后按回车键。松开左键。光标移动至刚标记的参考点。按住左键不放。笔直向上移动。输入 5,然后按回车键。松开左键。

移动光标至右上角。按住鼠标左键不放。水平向左移动。输入 15,然后按回车键。松开左键。

选择"直线"(左起第 3 个图标),然后从下拉菜单中找到"直线"。单击左键。找到顶部的参考点,位于右上角附近。按住左键不放。滑动光标至右起第 2 个参考点。松开左键。

光标停留在该点,按住左键不放。向左移动光标,与矩形左侧的参考点重合。松开左键。

光标移入机尾上半部分。如图所示,绘制并连成 4 条线。

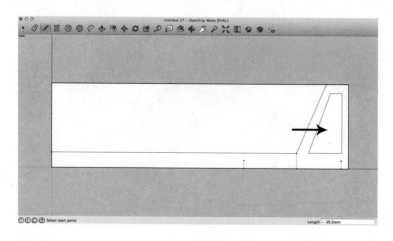

找到"形状 / 矩形"图标，并单击。

移动光标至右侧的参考点（右下角上方 5mm、左侧 5mm 处）。按住左键不放。向左移动光标，略微偏下。输入 35,1.5，然后按回车键。松开鼠标。

移动光标至位于中央的参考点（右下角上方 5mm、左侧 70mm）。按住左键不放。向左移动光标，略微偏下。输入 55,1.5，然后按回车键。松开鼠标。

移动光标至"选择"图标，并单击。如下截图所示，选中要删除的区域，然后选择"编辑"，在下拉项中找到"删除"，并单击。重复此步骤，逐一删除。

选择和删除狭长矩形时，可能需要放大。

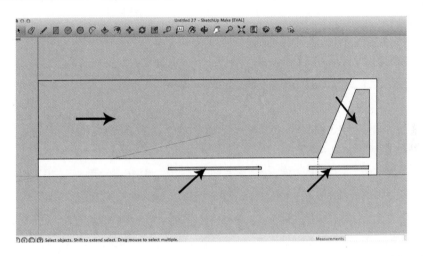

找到"推 / 拉"图标，并单击。移动光标至白色机身内。按住左键不放，向上滑动光标。输入 2.5，然后按回车键。松开左键。

滑动光标到"选择"图标，并单击。单击"编辑"，然后在下拉项中找到"全选"。单击此按钮。

回到顶部菜单，找到"文件"，然后下拉选择"导出 STL"。单击此处。该文件可用于打印机身。

若要保存设计文件，选择"文件"，然后单击"保存"。

机翼

先新建项目。找到"相机"，下拉选择"标准视图"，然后找到"前视图"。单击此按钮。

找到"形状 / 矩形"图标，并单击。

滑动光标至红蓝线交汇处。按住左键不放。向右滑动光标，略微偏上。输入 250,50，然后按回车键。松开左键。

选择"缩放"图标。单击此按钮。放大矩形，使其几乎撑满整个屏幕。

找到"推 / 拉"图标，并单击。移动光标至矩形内。按住左键不放，略微向上滑动光标。输入 .6，然后按回车键。松开左键。

滑动光标到"选择"图标，并单击。单击"编辑"，然后在下拉项中找到"全选"。单击此按钮。

回到顶部菜单，找到"文件"，然后下拉选择"导出 STL"。单击此处。该文件可用于打印机翼。

若要保存设计文件，选择"文件"，然后单击"保存"。

机尾

先新建项目。找到"相机"，下拉选择"标准视图"，然后找到"前视图"。单击此按钮。

找到"形状 / 矩形"图标，并单击。

滑动光标至红蓝线交汇处。按住左键不放。向右滑动光标，略微偏上。输入 120,30，然后按回车键。松开左键。

选择"缩放"图标。单击此按钮。放大矩形，使其几乎撑满整个屏幕。

选择"卷尺工具"图标，并单击。

光标移动至左下角。按住鼠标左键不放。笔直向上移动。输入 10，然后按回车键。松开左键。

光标移动至右下角。按住鼠标左键不放。笔直向上移动。输入 10，然后按回车键。松开左键。

光标移动至左上角。按住鼠标左键不放。向右移动。输入 50，然后按回车键。松开左键。

光标移动至右上角。按住鼠标左键不放。向右移动。输入 50，然后按回车键。松开左键。

选择"直线"（左起第 3 个图标），然后从下拉菜单中找到"直线"。单击左键。

移动至矩形右侧的参考点。按住左键不放。滑动光标至顶部参考点（中央右侧）。松开左键。

移动光标至矩形左侧的参考点。按住左键不放。滑动光标至顶部参考点（中央左侧）。松开左键。

找到"选择"图标，并单击。

光标移入左上角的三角形。单击左键。按住 Shift 键不放。光标移入右上角的三角形。单击左键。松开 Shift 键。

选择"编辑"，在下拉项中找到"删除"。单击此按钮。

找到"推 / 拉"图标，并单击。

移动光标至白色多边形内。按住左键不放，略微向上滑动光标。输入 0.6，然后按回车键。松开左键。

滑动光标到"选择"图标，并单击。单击"编辑"，然后在下拉项中找到"全选"。单击此按钮。

回到顶部菜单，找到"文件"，然后下拉选择"导出 STL"。单击此处。该文件可用于打印机尾。

若要保存设计文件，选择"文件"，然后单击"保存"。

飞机鼻翼平衡器

先新建项目。找到"相机"，下拉选择"标准视图"，然后找到"前视图"。单击此按钮。

找到"形状 / 矩形"图标，并单击。

滑动光标至红蓝线交汇处。按住左键不放。向右滑动光标，略微偏上。输入 20,6，然后按回车键。松开左键。

选择"缩放"图标。单击此按钮。放大矩形，使其几乎撑满整个屏幕。

选择"卷尺工具"图标，并单击。

光标移动至左下角。按住鼠标左键不放。笔直向上移动。输入 2，然后按回车键。松开左键。

找到"形状 / 矩形"图标，并单击。

滑动光标到参考点。按住左键不放。向右滑动光标，略微偏上。输入 15,2，然后按回车键。松开左键。

找到"选择"图标，并单击。

光标移入小矩形内。单击左键。单击"编辑"，然后在下拉项中找到"删除"。单击此按钮。

找到"推 / 拉"图标，并单击。

移动光标至白色区域内。按住左键不放，略微向上拖拉光标。输入 15，然后按回车键。松开左键。

滑动光标到"选择"图标，并单击。单击"编辑"，然后在下拉项中找到"全选"。单击此按钮。

回到顶部菜单，找到"文件"，然后下拉选择"导出 STL"。单击此处。该文件可用于打印飞机鼻翼平衡器。

若要保存设计文件，选择"文件"，然后单击"保存"。

橡皮筋动力船

在本章节，你将设计 1 艘橡皮筋动力船。船身采用漂浮结构，配备明轮推进器以及安装皮筋的孔。明轮推进器简单地与皮筋相连，安装于船身。

船

首先找到"基本体"（Primitives），下拉选择"立方体"（Box）。

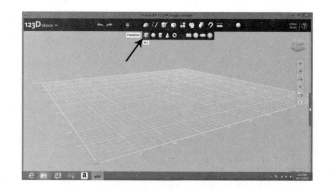

单击此按钮。将立方体拖动到屏幕左下方。输入 15，然后按 Tab 键。输入 150，然后按 Tab 键。输入 80。

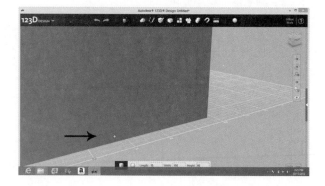

按回车键。移动光标至视图立方块的
"前"（Front）。

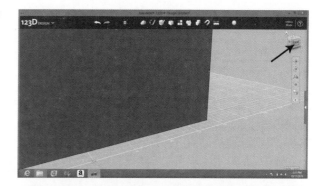

单击左键。选择"草图"（Sketch），
在下拉项中找到"矩形"（Rectangle）。

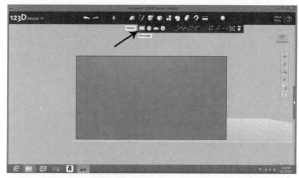

单击左键。光标移入矩形。

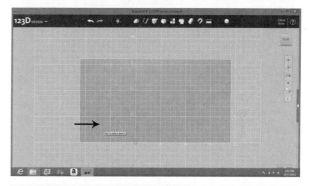

单击左键。移动光标至左下角上方 2 格
处。单击左键。向右滑动光标，略微偏上。

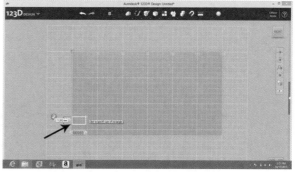

输入 60，然后按 Tab 键。输入 60。

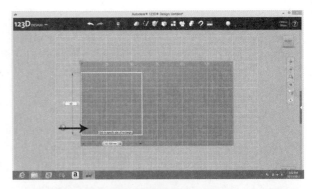

单击左键。滑动光标至"构建"（Construct），然后下拉找到"挤出"（Extrude）。

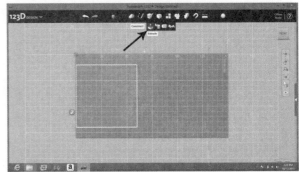

单击此按钮。光标移入正方形内。单击左键。

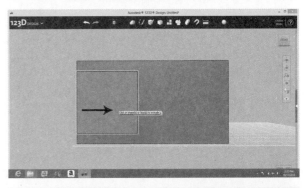

输入 -15，为明轮推进器预留安装空间。

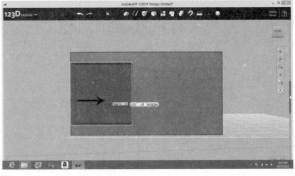

按回车键，然后移动光标至视图立方块
的"顶"（Top）。

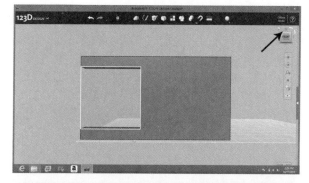

单击此处。选择"草图"（Sketch），
在下拉项中找到"圆"（Circle）。

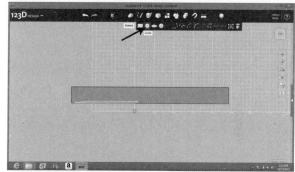

单击此按钮。光标移入矩形内。

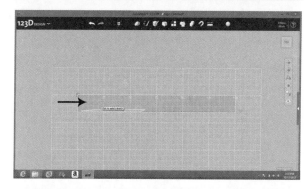

单击左键。从左下角开始移动光标，向
右4格，向上1.5格。单击左键。轻微移动
光标。

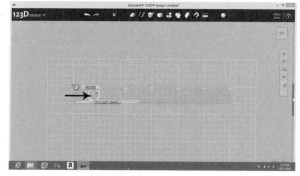

输入 6。

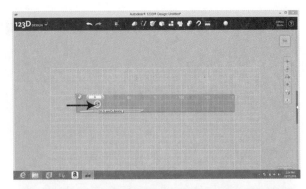

单击左键。单击"构建"（Construct），
然后下拉找到"挤出"（Extrude）。

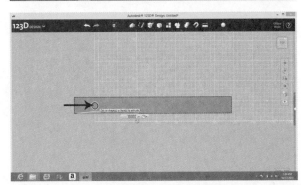

单击此按钮。光标移入圆内。单击左键。

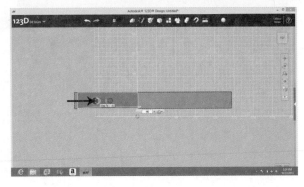

输入 -80。

按回车键，移动光标到左上角"123D"。在下拉菜单中，选择"导出 STL"（Export STL），保存文件，用于打印。

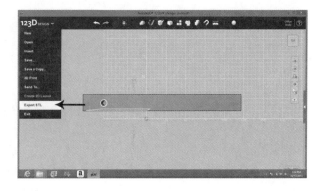

若要保存设计文件，移动光标到左上角"123D"，下拉选择"保存"（Save）。

明轮推进器

首先找到"基本体"（Primitives），下拉选择"立方体"（Box）。

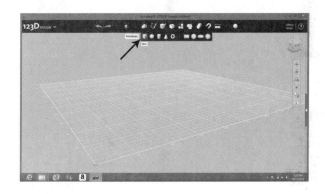

单击此按钮。将立方体拖到左下方。输入 40，然后按 Tab 键。输入 40，然后按 Tab 键。输入 40。

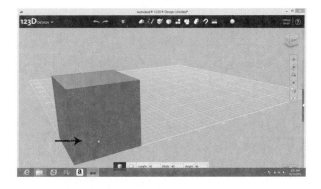

按回车键。移动光标至视图立方块的"前"（Front）。

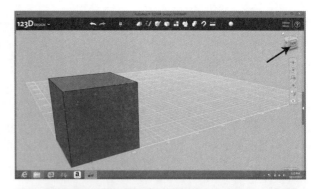

单击左键。移动至"草图"（Sketch），然后在下拉项中找到"矩形"（Rectangle）。

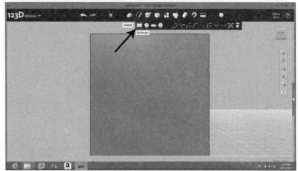

单击左键。光标移入正方形内。

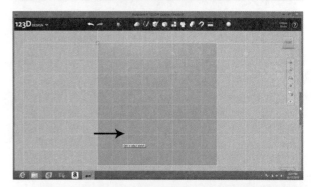

单击左键。光标移至左下角。单击左键。略微向右上方滑动。

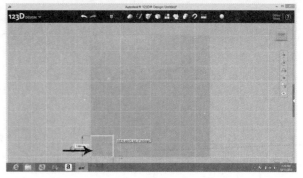

输入 17，然后按 Tab 键。输入 17。

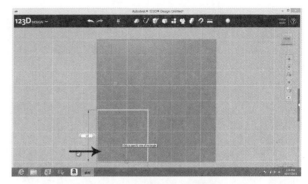

单击左键。光标移至右下角。单击左键。略微向左上方移动。

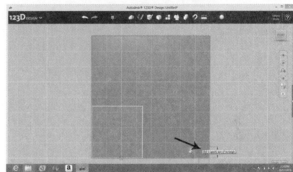

输入 17，然后按 Tab 键。输入 17。

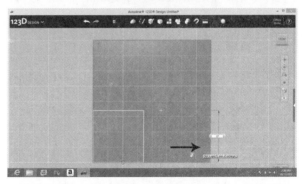

单击左键。光标移至右上角。单击左键。略微向左下方滑动。

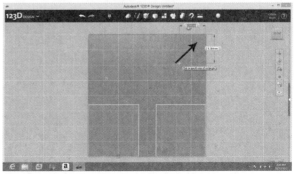

输入 17，然后按 Tab 键。输入 17。

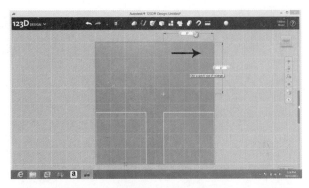

单击左键。光标移至左上角。单击左键。
略微向右下方滑动。

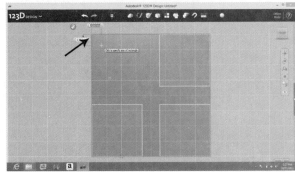

输入 17，然后按 Tab 键。输入 17。

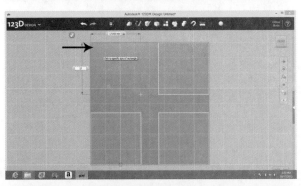

单击左键。单击"构建"（Construct），
然后下拉找到"挤出"（Extrude）。

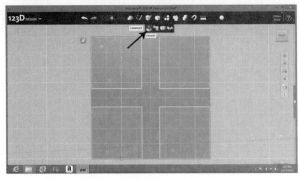

单击此按钮。光标移入左上方正方形内。
单击左键。

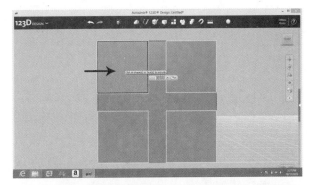

光标移入左下方正方形内。单击左键。

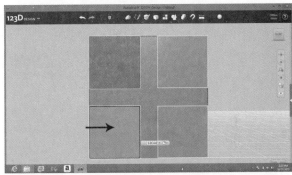

光标移入右下方正方形内。单击左键。

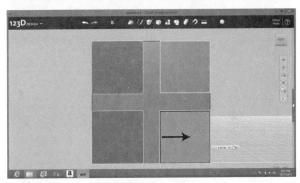

光标移入右上方正方形内。单击左键。

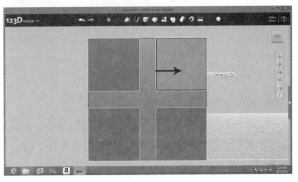

光标移入白色小文本框中（位于右端）。单击左键。按退格键，清空数字和文字。

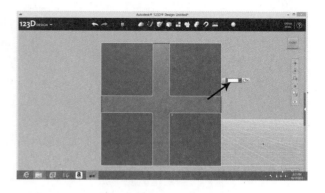

输入 -40。

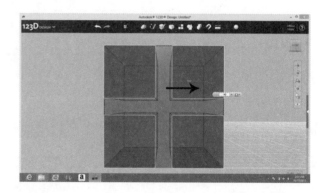

按回车键，移动光标到左上角"123D"。在下拉菜单中，选择"导出 STL"（Export STL），保存文件，用于打印。

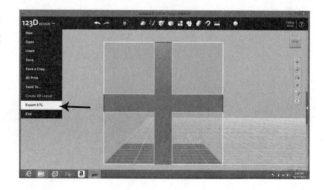

若要保存设计文件，移动光标到左上角"123D"，下拉选择"保存"（Save）。

皮筋捆住 1 只船脚，穿过 2 个孔后，捆住另 1 只船脚。然后用皮筋缠绕桨叶。拧紧皮筋，享受小船畅游前行！

用 SketchUp 设计明轮船

船

先新建项目。找到"相机",下拉选择"标准视图",然后找到"顶视图"。单击此按钮。

找到"形状 / 矩形"图标,并单击。

滑动光标至红绿线交汇处。按住左键不放。向右滑动光标,略微偏上。输入 150,80,然后按回车键。松开左键。

选择"充满视窗"(Zoom Extents)图标,并单击。

选择"卷尺工具"图标,并单击。

光标移动至右下角。按住鼠标左键不放。笔直向上移动。输入 10,然后按回车键。松开左键。

找到"形状 / 矩形"图标,并单击。

光标移至刚确定的参考点。按住左键不放。向左上方移动。输入 60,60,然后按回车键。松开左键。

找到"选择"图标,并单击。光标移入刚绘制的正方形内。单击左键。单击"编辑",然后在下拉项中找到"删除"。单击此按钮。

找到"推/拉"图标，并单击。光标移入蓝色区域下部（最初绘制的矩形部分区域）。按住左键不放。向上滑动光标。输入 15，然后按回车键。松开鼠标。

找到"相机"，下拉选择"标准视图"，然后找到"前视图"。单击此按钮。

选择"充满视窗"（Zoom Extents）图标，并单击。

选择"卷尺工具"图标，并单击。指针移动至右下角。按住左键不放。水平向左移动光标。输入 20，然后按回车键。松开左键。

将光标移至刚标记的参考点。按住左键不放。向上移动光标。输入 7.5，然后按回车键。松开左键。

找到"形状/圆"图标。单击按钮。移动光标至参考点。按住左键不放。轻微移动光标。输入 3，然后按回车键。松开左键。

找到"推/拉"图标，并单击。光标移入圆内。按住左键不放。向左移动光标。输入 10，然后按回车键。松开左键。

找到"相机"，下拉选择"标准视图"。找到"后视图"，然后单击此按钮。

选择"卷尺工具"图标，并单击。指针移动至左下角。按住左键不放。水平向右移动光标。输入 20，然后按回车键。松开左键。

将光标移至刚标记的参考点。按住左键不放。向上移动光标。输入 7.5，然后按回车键。松开左键。

找到"形状/圆"图标。单击按钮。移动光标至参考点。按住左键不放。轻微移动光标。输入 3，然后按回车键。松开左键。

找到"推/拉"图标，并单击。光标移入圆内。按住左键不放。向右移动光标。输入 10，然后按回车键。松开左键。

滑动光标到"选择"图标，并单击。单击"编辑"，然后在下拉项中找到"全选"。单击此按钮。

回到顶部菜单，找到"文件"，然后下拉选择"导出 STL"。单击此处。该文件可用于打印船体。

若要保存设计文件，选择"文件"，然后单击"保存"。

明轮推进器

先新建项目。找到"相机"，下拉选择"标准视图"，然后光标移至"顶视图"。单击此按钮。

找到"形状/矩形"图标，并单击。

滑动光标至红绿线交汇处。按住左键不放。向右滑动光标，略微偏上。输入 40,40，然后按回车键。松开左键。

选择"缩放"图标，并单击。转动滚轮，使正方形撑满半屏。

找到"形状/矩形"图标，并单击。

光标移至左上角。按住左键不放。向右下方滑动光标。输入 17,17，然后按回车键。松开左键。

光标移至右上角。按住左键不放。向左下方滑动光标。输入 17,17，然后按回车键。松开左键。

光标移至左下角。按住左键不放。向右上方滑动光标。输入 17,17，然后按回车键。松开左键。

光标移至右下角。按住左键不放。向左上方滑动光标。输入 17,17，然后按回车键。松开左键。

找到"选择"图标，并单击。

光标移入左上方正方形内。单击左键。

按住 Shift 键不放。移动光标至右上方正方形，并单击。移动光标至右下方正方形，并单击。移动光标至左下方正方形，并单击。松开 Shift 键。

单击"编辑"，然后在下拉项中找到"删除"。单击此按钮。

找到"推 / 拉"图标，并单击。

光标移入蓝色十字处。按住左键不放。轻微滑动光标。输入 40，然后按回车键。松开鼠标。

滑动光标到"选择"图标，并单击。单击"编辑"，然后在下拉项中找到"全选"。单击此按钮。

回到顶部菜单，找到"文件"，然后下拉选择"导出 STL"。单击此处。该文件可用于打印明轮推进器。

若要保存设计文档，选择"文件"，然后"保存"。

项目 13

鼓

在制作鼓的过程中，先创建 1 个圆柱体，挖洞，然后在顶部平铺 1 只气球。

首先，找到"基本体"（Primitives），然后下拉选择"圆柱体"（Cylinder）。

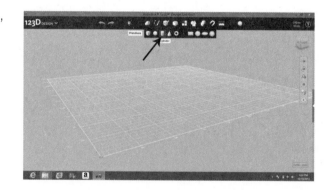

单击此按钮。将圆柱体拖到工作区域左下方。

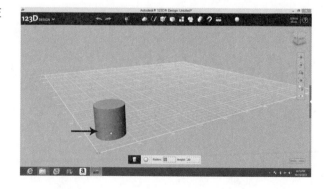

半径（radius）输入55，然后按Tab键。高度（height）输入90。

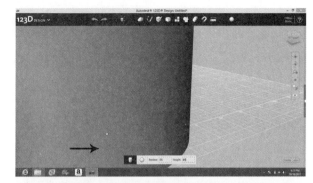

按回车键，然后移动光标至视图立方块的"顶"（Top）。

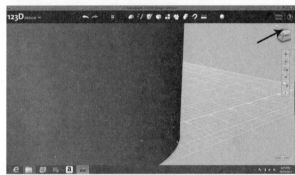

单击左键。单击"草图"（Sketch），然后在下拉项中找到"圆"（Circle）。

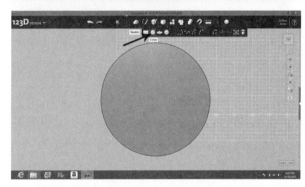

单击此按钮。光标移入圆内。

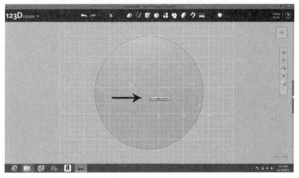

单击左键。光标移至圆心（距离上下左右各边缘 11 个网格的点）。单击左键。轻微移动光标。

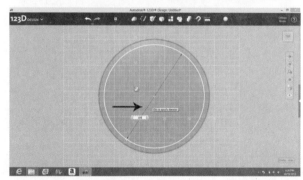

直径（diameter）输入 100。

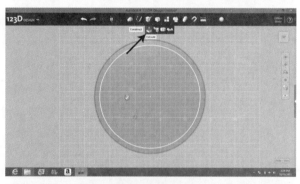

单击左键。滑动光标至"构建"（Construct），然后下拉找到"挤出"（Extrude）。

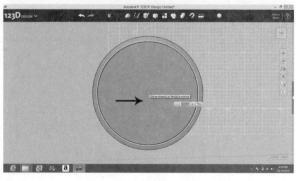

单击此按钮。光标移入内圆。单击左键。

输入 -85，挖空鼓内部。

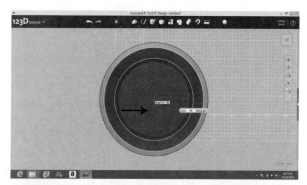

按回车键，移动光标到左上角"123D"。在下拉菜单中，选择"导出 STL"（Export STL），保存文件，用于打印。

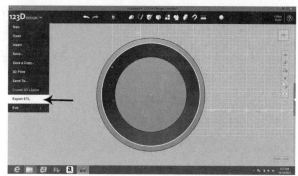

若要保存设计文件，移动光标到左上角"123D"，下拉选择"保存"（Save）。

找个 30.48cm 的气球，拿剪刀剪去吹气口。展开剩下的气球，平铺在鼓的开口处。用铅笔有橡皮的一端作为鼓棒，尽情地演奏吧。

用 SketchUp 设计鼓

先新建项目。找到"相机",下拉选择"标准视图",然后光标移至"顶视图"。单击此按钮。

找到"形状 / 圆"图标,并单击。

滑动光标至红绿线交汇处。按住左键不放。向右滑动光标。输入 55,然后按回车键。松开左键。

选择"充满视窗"(Zoom Extents)图标,并单击。

找到"推 / 拉"图标,并单击。光标移入左半圆内。按住左键不放。略微向右滑动光标。输入 90,然后按回车键。松开左键。

找到"形状 / 圆"图标,并单击。

滑动光标至红绿线交汇处。按住左键不放。向右滑动光标。输入 50,然后按回车键。松开左键。

找到"推 / 拉"图标,并单击。光标移入左半圆内。按住左键不放。略微向右滑动光标。输入 85,然后按回车键。松开左键。

滑动光标到"选择"图标,并单击。单击"编辑",然后在下拉项中找到"全选"。单击此按钮。

回到顶部菜单,找到"文件",然后下拉选择"导出 STL"。单击此处。该文件可用于打印鼓。

若要保存设计文件,选择"文件",然后单击"保存"。

橡皮筋动力小汽车

在本章节中，你将设计一辆橡皮筋动力小汽车。汽车由1片底座、2片侧板、4个轮子组成。

底座

找到"基本体"（Primitives），下拉选择"立方体"（Box）。

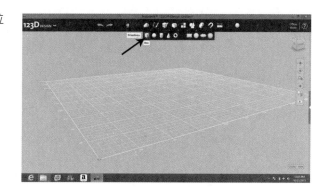

单击此按钮。将立方体拖到工作区域左下方。输入80，然后按 Tab 键。输入150，然后按 Tab 键。输入5。

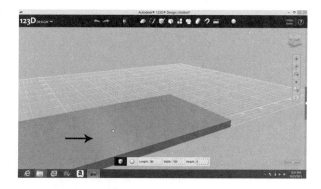

按回车键，然后移动光标至视图立方块的"前"（Front）。

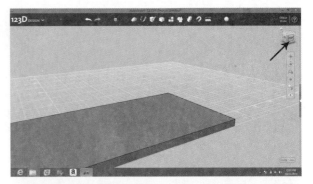

单击左键。选择"草图"（Sketch），在下拉项中找到"矩形"（Rectangle）。

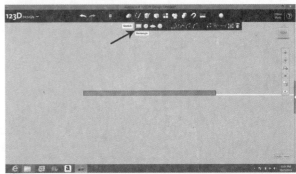

单击左键。光标移入矩形。

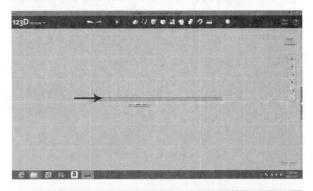

单击左键。从左下角开始滑动光标，向右 25mm，向上 5mm。单击左键。向右滑动光标，略微偏下。

输入 100，然后按 Tab 键。输入 5。

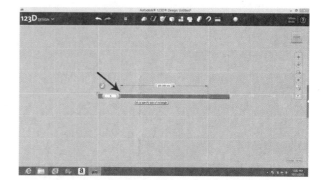

　　单击左键。滑动光标至"构建"（Construct），在下拉项中找到"挤出"（Extrude）。

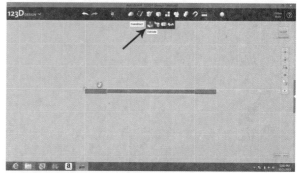

单击左键。光标移入内矩形。单击左键。

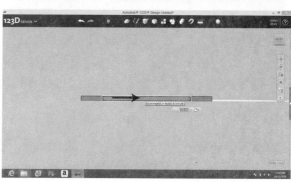

输入 -85，往下增厚材料。

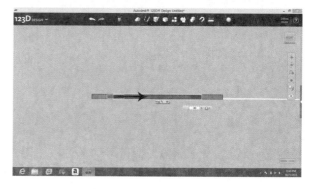

滑动光标至输入数字的文本框右端黑色小箭头处。单击左键。在下拉项中找到"合并"（Merge），并单击。

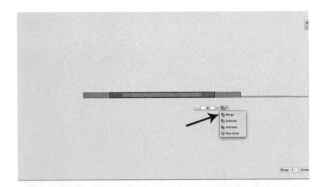

按回车键。在底座后侧创建 1 块凸起。

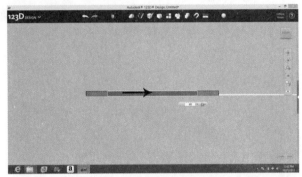

单击"构建"（Construct），然后在下拉项中找到"挤出"（Extrude）。

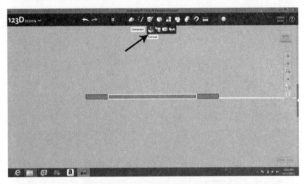

单击左键。光标移入内矩形中。单击左键。

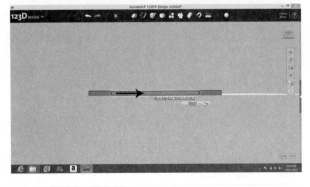

输入 5。在底座前侧创建 1 块凸起。

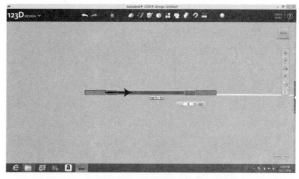

按回车键。光标移至视图立方块的"左"
（Left）。

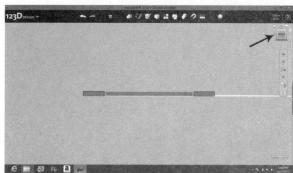

单击此处。滑动光标至右侧菜单栏的"缩
放"（Zoom）。

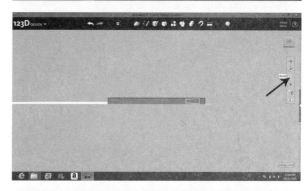

单击此处。光标移入工作区域。按住左
键不放，同时转动滚轮，让矩形几乎撑满整
个屏幕。松开左键。选择"草图"（Sketch），
在下拉项中找到"矩形"（Rectangle）。

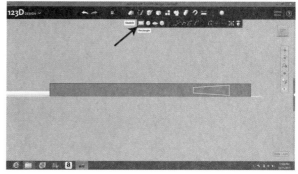

单击左键。光标移入矩形。单击左键。从左下角开始滑动光标，向右 7 格。

单击左键。向右上方滑动光标。输入 10，然后按 Tab 键。输入 5。

单击左键。单击"构建"（Construct），在下拉项中找到"挤出"（Extrude）。

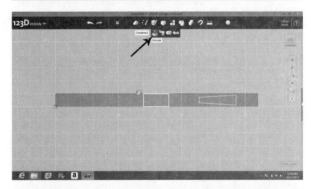

单击左键。光标移入小矩形内。单击左键。

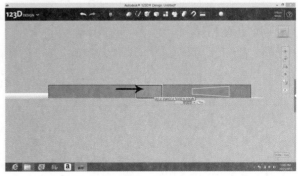

输入 5。

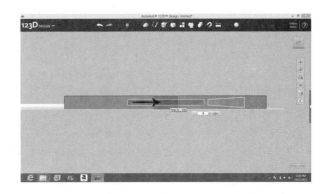

按回车键，移动光标到左上角"123D"。在下拉菜单中，选择"导出 STL"（Export STL），保存文件，用于打印。

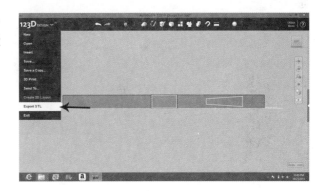

若要保存设计文件，移动光标到左上角"123D"，下拉选择"保存"（Save）。

侧板

先 新 建 项 目。 找 到 " 基 本 体 "（Primitives），下拉选择"立方体"（Box）。

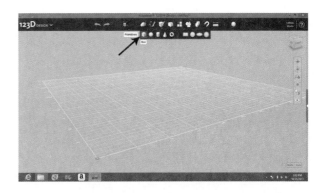

单击此按钮。将立方体拖到工作区域左下方。输入 5，然后按 Tab 键。输入 150，然后按 Tab 键。输入 40。

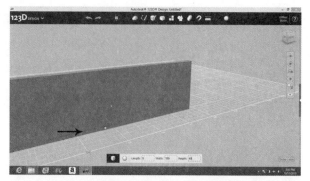

按回车键，然后移动光标至视图立方块的"前"（Front）。

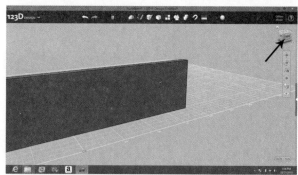

单击左键。选择"草图"（Sketch），在下拉项中找到"矩形"（Rectangle）。

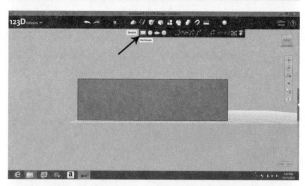

单击此按钮。光标移入矩形。

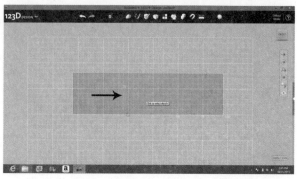

单击左键。从左下角开始滑动光标，向右 5 格，向上 2 格。单击左键。向右滑动光标，略微偏上。

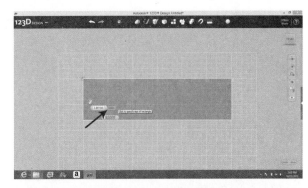

输入 5.4，然后按 Tab 键。输入 101。侧板的尺寸略大于 100mm×5mm 的底座，需要插入底座中。

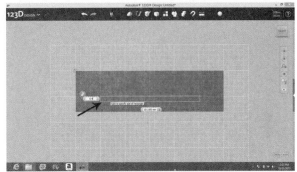

单击左键。选择"草图"（Sketch），在下拉项中找到"圆"（Circle）。

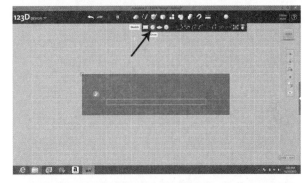

单击左键。光标移入矩形。

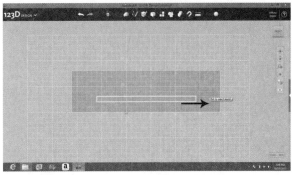

单击左键。从右下角开始滑动光标，向
上 5 格，向左 2 格。单击左键。轻微移动
光标。

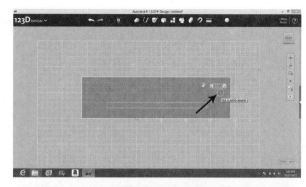

输入 8.5。

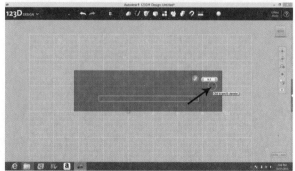

单击左键。从左下角开始移动光标，向
上 5 格，向右 2 格。单击左键。轻微移动
光标。

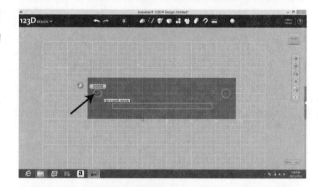

输入 8.5。

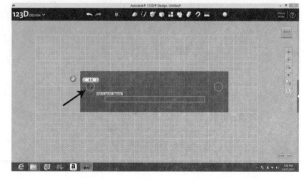

单击左键。单击"构建"（Construct），
在下拉项中找到"挤出"（Extrude）。

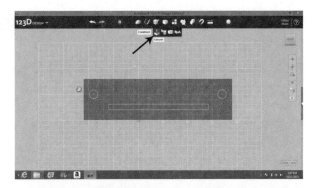

单击左键。光标移入左圆内。单击左键。

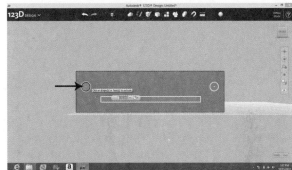

光标移入右圆内。单击左键。

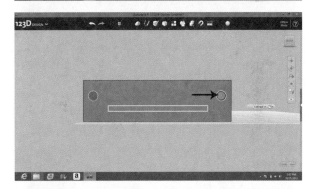

光标移入位于 2 圆下方的狭长矩形内。
单击左键。

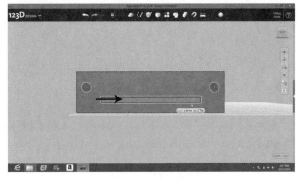

光标移入白色文本框中（位于右端）。单击左键。按退格键，清空文字和数字。

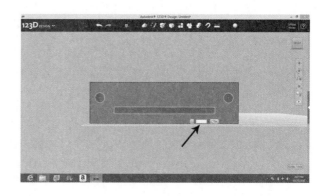

输入 -5，挖洞，用于安装轮轴和底座。

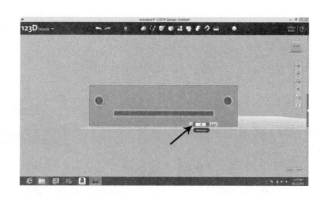

按回车键，移动光标到左上角"123D"。在下拉菜单中，选择"导出 STL"（Export STL），保存文件，用于打印。

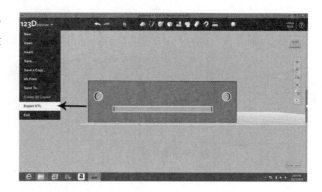

若要保存设计文件，移动光标到左上角"123D"，下拉选择"保存"（Save）。

轮子

找到"基本体"（Primitives），在下拉项中选择"圆柱体"（Cylinder）。

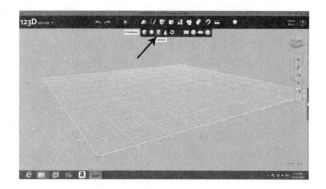

单击此按钮。将圆柱体拖到工作区域左下方。输入 55，然后按 Tab 键。输入 5。

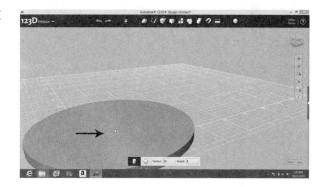

按回车键，然后滑动光标到视图立方块的"顶"（Top）。

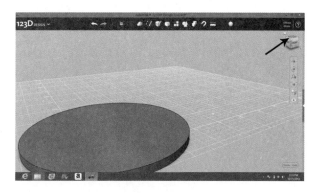

单击此处。移动光标至"草图"
（Sketch），在下拉项中找到"圆"（Circle）。

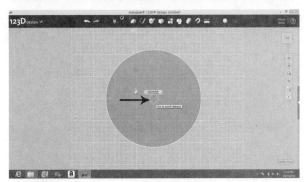

单击此按钮。光标移入圆内。单击左键。
滑动光标至圆心（距离上下左右各边缘 11
个网格的点）。单击左键。轻微移动光标。

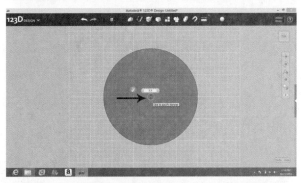

输入 7.7。这个数值是铅笔的直径，铅
笔将被用作轮轴。

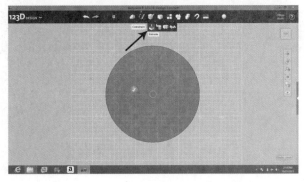

单击左键。移动光标到"构建"
（Construct），在下拉项中找到"挤出"
（Extrude）。

单击此按钮。光标移入内部小圆中。单击左键。

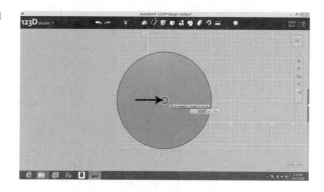

输入 –5。

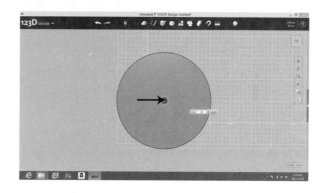

按回车键，移动光标到左上角"123D"。在下拉菜单中，选择"导出 STL"（Export STL），保存文件，用于打印。

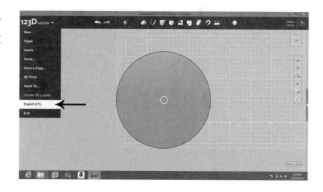

若要保存设计文件，移动光标到左上角"123D"，下拉选择"保存"（Save）。

将两块侧板插入底座中。拿一支铅笔穿过一个轮子，再继续穿过底座尾部。连上另一只轮子。重复上述步骤，安装前轮。装上一根皮筋，拧紧，然后松开。

橡皮筋动力小汽车改编自本书作者 Mike Rigsby 的另一本书 *Amazing Rubber Band Cars*（奇妙的橡皮筋动力汽车）。书中有各种不同款式的纸板玩具。

用 SketchUp 设计橡皮筋动力小汽车

底座

先新建项目。找到"相机"，下拉选择"标准视图"。找到"顶视图"，然后单击。

找到"形状 / 矩形"图标，并单击。

将光标移至红绿线交汇点。按住左键不放。向右移动光标，略微偏上。输入 150,90，然后按回车键。松开左键。

选择"缩放"图标，并单击。移动光标至矩形处，然后转动鼠标滚轮，让矩形撑满⅔屏幕。

找到"卷尺工具"图标，并单击。

移动指针至左下角。按住左键不放，向上滑动。输入 40，然后按回车键。松开左键。

找到"形状 / 矩形"图标，并单击。

移动光标至刚标记的参考点。按住左键不放。向上移动光标，略微偏左。输入 10,5，然后按回车键。松开左键。

找到"推/拉"图标，并单击。

光标移至刚绘制的小矩形处（小矩形内会布满小黑点）。按住左键不放。向右滑动光标。输入 5，然后按回车键。松开鼠标。

光标移入大矩形内。按住左键不放。向右滑动光标。输入 5，然后按回车键。松开鼠标。

找到"形状/矩形"图标，并单击。

光标移至左上角。按住左键不放。向右滑动光标，略微偏下。输入 25,5，然后按回车键。松开鼠标。

光标移至左下角。按住左键不放。向右滑动光标，略微偏上。输入 25,5，然后按回车键。松开鼠标。

光标移至右上角。按住左键不放。向左滑动光标，略微偏下。输入 25,5，然后按回车键。松开鼠标。

光标移至右下角。按住左键不放。向左滑动光标，略微偏上。输入 25,5，然后按回车键。松开鼠标。

找到"推/拉"图标，并单击。

光标移入左上角矩形内。按住左键不放。轻微向右滑动光标。输入 5，然后按回车键。松开鼠标。

光标移入左下角矩形内。按住左键不放。轻微向右滑动光标。输入 5，然后按回车键。松开鼠标。

光标移入右上角矩形内。按住左键不放。轻微向左滑动光标。输入 5，然后按回车键。松开鼠标。

光标移入右下角矩形内。按住左键不放。轻微向左滑动光标。输入 5，然后按回车键。松开鼠标。

滑动光标到"选择"图标，并单击。单击"编辑"，然后在下拉项中找到"全选"。单击此按钮。

回到顶部菜单，找到"文件"，然后下拉选择"导出 STL"。单击此处。该文件可用于打印橡皮筋动力小汽车底座。

若要保存设计文件，选择"文件"，然后单击"保存"。

侧板

先新建项目。找到"相机"，下拉选择"标准视图"。找到"顶视图"，然后单击。

找到"形状/矩形"图标，并单击。

将光标移至红绿线交汇点。按住左键不放。向右移动光标，略微偏上。输入 150,40，然后按回车键。松开左键。

选择"充满视窗"（Zoom Extents）图标，并单击。

选择"卷尺工具"图标，并单击。

光标移动至左下角。按住鼠标左键不放。向右移动。输入 25，然后按回车键。松开左键。

光标移至刚标记的参考点。按住左键不放。向上移动光标。输入 10，然后按回车键。松开左键。

光标移至左下角。按住鼠标左键不放。笔直向上移动。输入 25，然后按回车键。松开左键。

光标移至刚标记的参考点。按住左键不放。向右滑动光标。输入 10，然后按回车键。松开左键。

光标移动至右下角。按住鼠标左键不放。笔直向上移动。输入 25，然后按回车键。松开左键。

光标移至刚标记的参考点。按住左键不放。向左滑动光标。输入 10，然后按回车键。松开左键。

找到"形状 / 圆"图标，并单击。

将光标移至矩形内的参考点（位于左上角）。按住左键不放，滑动光标。输入 4.25，然后按回车键。松开左键。

将光标移至矩形内的参考点（位于右上角）。按住左键不放，滑动光标。输入 4.25，然后按回车键。松开左键。

找到"形状 / 矩形"图标，并单击。

将光标移至矩形内的参考点（位于左下角）。按住左键不放。向右滑动光标，略微偏上。输入 101,5.4，然后按回车键。松开左键。

找到"选择"图标，并单击。

光标移入左圆，单击左键。按住 Shift 键不放。光标移入狭长矩形内，单击左键。光标移入右圆，单击左键。确保选中的是线内区域。松开 Shift 键。

选择"编辑"，然后在下拉项中找到"删除"。单击此按钮。

找到"推 / 拉"图标，并单击。

光标移入矩形蓝色部分。按住左键不放，向右滑动光标。输入 5，然后按回车键。松开左键。

滑动光标到"选择"图标，并单击。单击"编辑"，然后在下拉项中找到"全选"。单击此按钮。

回到顶部菜单，找到"文件"，然后下拉选择"导出 STL"。单击此处。该文件可用于打印橡皮筋动力小汽车侧板。

若要保存设计文件，选择"文件"，然后单击"保存"。

轮子

先新建文件。找到"相机"，然后下拉选择"标准视图"。找到"顶视图"，然后单击。

找到"形状 / 圆"图标，并单击。

将光标移至红绿线交汇点。按住左键不放，滑动光标。输入 55，然后按回车键。松开左键。

选择"充满视窗"（Zoom Extents）图标，并单击。

移动光标至圆心。按住左键不放，滑动光标。输入 3.85，然后按回车键。松开左键。

找到"缩放"图标，并单击。放大中心圆，使其撑满 20% 以上的屏幕（接下来，你要单击"选择"图标。如果圆太小，就没法选中了。）。

找到"选择"图标，并单击。光标移入中心圆内。单击左键。

选择"编辑"，然后在下拉项中找到"删除"。单击此按钮。

找到"推 / 拉"图标，并单击。滑动光标至蓝色车轮区域内。按住左键不放，向右滑动光标。输入 5，然后按回车键。松开鼠标。

　　滑动光标到"选择"图标，并单击。单击"编辑"，然后在下拉项中找到"全选"。单击此按钮。

　　回到顶部菜单，找到"文件"，然后下拉选择"导出 STL"。单击此处。该文件可用于打印橡皮筋动力小汽车的轮子。

　　若要保存设计文件，选择"文件"，然后单击"保存"。

小咔哒

小咔哒是一种推力玩具，桨轮转动（与名片发生碰撞）时能发出响亮的咔哒声。小咔哒由1个身体、2只轮子、1个发声桨轮和顶部装饰性的1对眼球组成。

顶部装饰

先 新 建 项 目。 找 到 " 基 本 体 "（Primitives），下拉选择"立方体"（Box）。

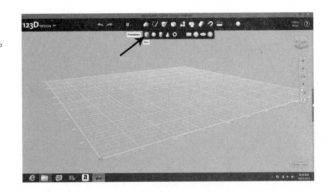

单击此按钮。将立方体拖动到屏幕左下方。输入 85，然后按 Tab 键。输入 140，然后按 Tab 键。输入 10。

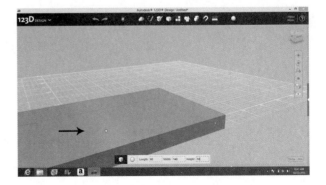

按回车键，然后移动光标至视图立方块的"左"（Left）。

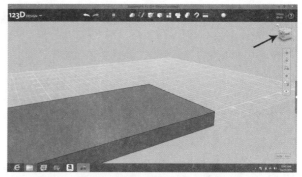

单击此处。选择"草图"（Sketch），在下拉项中找到"3点圆弧"（Three Point Arc）。

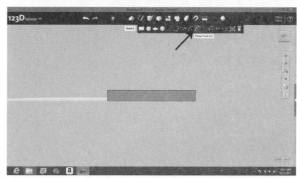

单击此按钮。光标移入矩形内。单击左键。

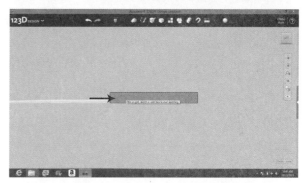

移动光标至矩形左上角。确保光标位于矩形上或恰好进入矩形内。

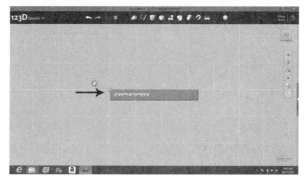

单击左键。水平滑动光标至矩形右上角。

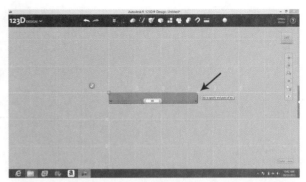

单击左键。向上滑动光标，直至圆弧顶点位于矩形上方 35mm。

单击左键。光标移至"草图"（Sketch），然后下拉选择"多段线"（Polyline）。

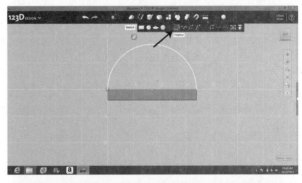

单击此按钮。滑动光标至圆弧左端。弧线会变粗。

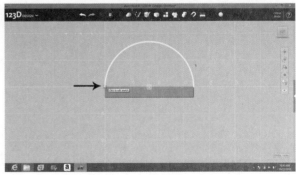

单击左键。移动光标至圆弧右端。

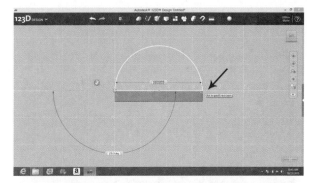

单击左键。选择"构建"（Construct），
在下拉项中找到"挤出"（Extrude）。单
击此按钮。

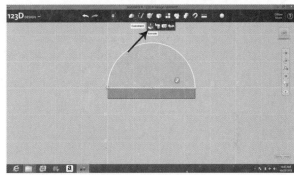

光标移入半圆内。单击左键。

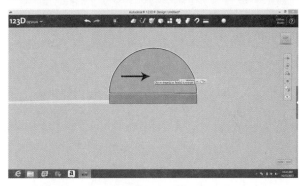

输入 –140。

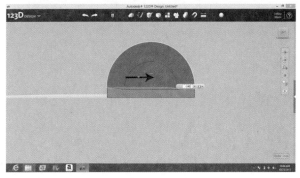

滑动光标至刚才输入"-140"的文本框右端黑色小箭头处。单击此处。下拉选择"合并"（Merge）。

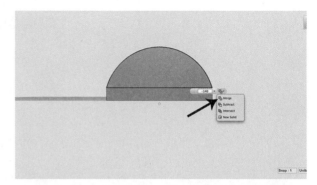

按回车键，然后光标移至右侧菜单栏的"平移"（Pan）。

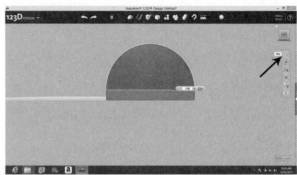

单击此按钮。光标移至屏幕中央。按住左键不放，将刚创建的组件拖至屏幕中央偏下。

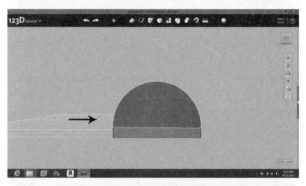

选择"草图"（Sketch），在下拉菜单中找到"曲线"（Spline），并单击。

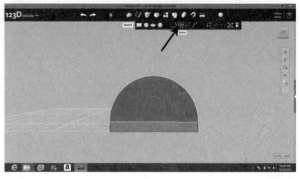

光标移入半圆内。

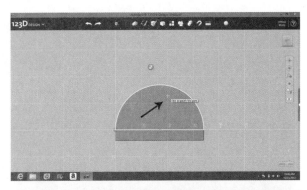

　　你将开始创建眼球的柄。自由设计造型——也就是说，随心所欲地创作即可。单击左键。向上移动光标。

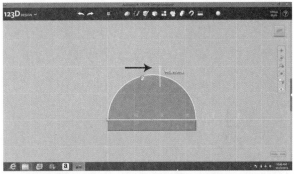

　　单击左键。短距离滑动光标，然后单击左键。长距离移动光标，然后单击左键。继续创作，完成造型（我一共绘制了9个点）。终点必须位于半圆内。

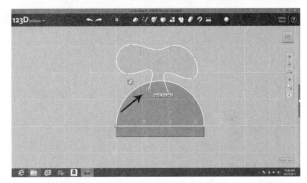

　　单击"构建"（Construct），找到下拉项中的"挤出"（Extrude）。

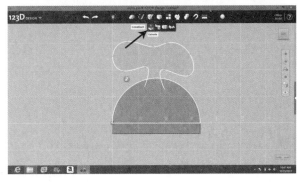

单击此按钮。光标移入刚创作的眼柄内。
单击左键。

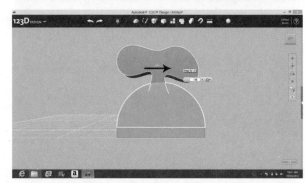

输入 –30，朝下增厚材料。

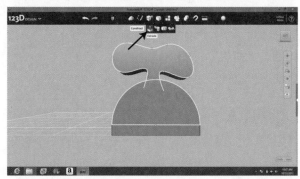

按回车键。单击"构建"（Construct），
然后找到下拉项中的"挤出"（Extrude）。

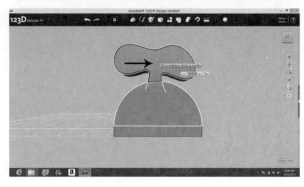

单击此按钮。光标再次移入眼柄内。单
击左键。

输入 -10。切除眼柄前面 10mm 厚的材料，从正面看呈现后缩的效果。

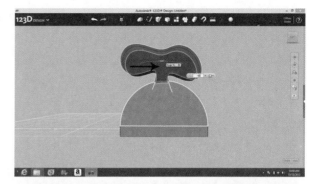

按回车键。单击眼柄。

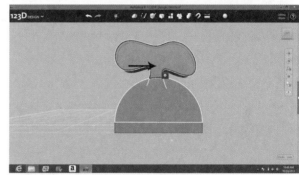

眼柄右下角会出现一个小齿轮。光标移至齿轮处，其右侧会显示一系列图标。光标移至"隐藏"（Hide）图标（位于最右端）。

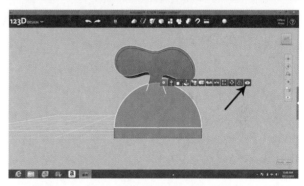

单击左键。"朦朦胧胧"的眼柄正面消失了。

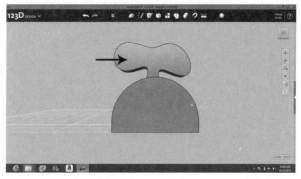

单击"基本体"（Primitives），找到下拉菜单"球体"（Sphere）。

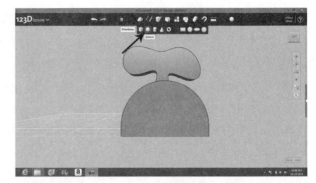

单击此按钮。将球体拖至眼柄右侧，停留在适合的位置。

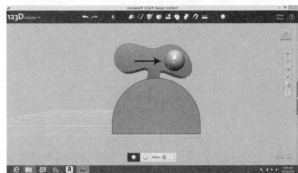

单击左键。

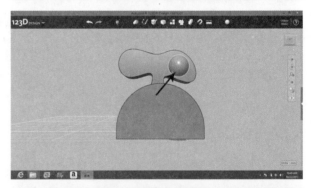

按住左键不放。向下拖动光标，直至球体略微缩小。此时说明球体正在移入眼柄内。松开左键。

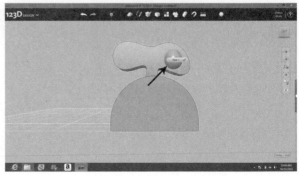

单击"基本体"（Primitives），找到下拉菜单"球体"（Sphere）。

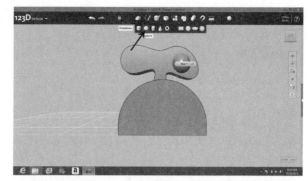

单击此按钮。将球体拖至眼柄左侧，停留在适当的位置。

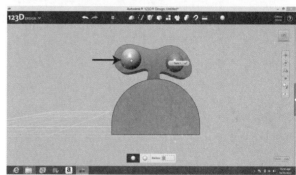

单击左键。

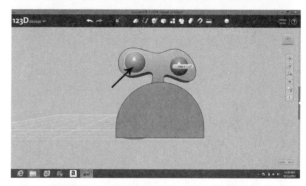

略微向下拖动光标，直至球体外勾勒出细小圆圈。按住左键不放，向下拖动光标，直至球体开始收缩（后退进入眼柄）。松开左键。

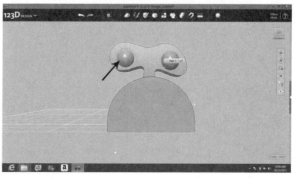

滑动光标至视图方块，单击指向底部的箭头。移动光标至视图方块的右上角（指向左侧的弧形箭头）。

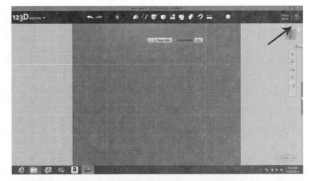

单击此处。滑动光标至"草图"（Sketch），下拉选择"矩形"（Rectangle）。

单击此按钮。光标移入矩形。

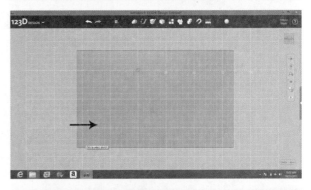

单击左键。从左下角开始滑动光标，向右 5 mm，向上 5mm。单击此处。向右移动光标，略微偏上。

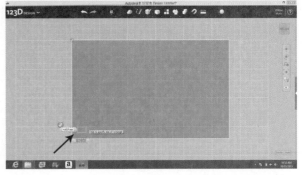

输入 126，然后按 Tab 键。输入 76。

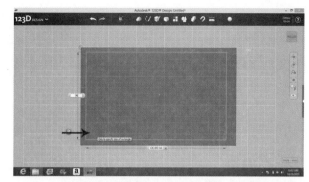

单击左键。单击"构建"（Construct），
找到下拉项中的"挤出"（Extrude）。

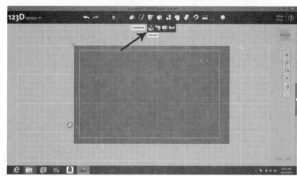

单击此按钮。光标移入内矩形。单击
左键。

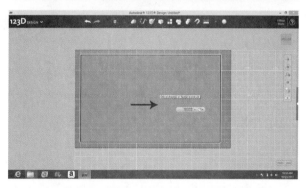

输入 -5，挖出凹坑。

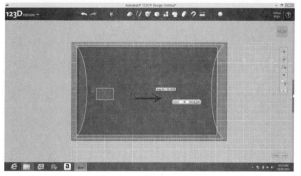

按回车键。光标移至视图方块的"默认视图"（Home）。

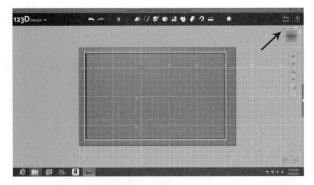

单击此处。我们添加的是多个对象——眼球组件，而非多个形状，因此这些对象必须组成一体。光标移至"组合"（Combine）图标。在下拉项中找到"合并"（Merge）。单击此按钮。

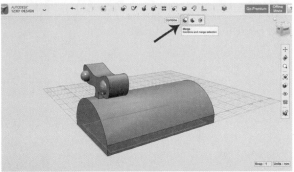

移动光标至身体结构。单击左键。

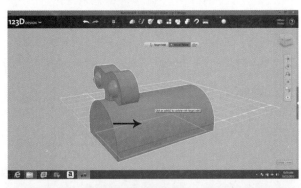

移动光标至左眼球。

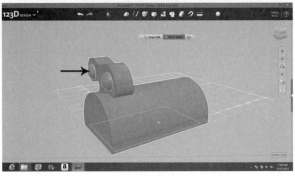

单击左键。光标移至右眼球。单击左键。按回车键。移动光标到"123D"，在下拉菜单中选择"导出 STL"（Export STL）。保存文件，用于打印顶部。移动光标到"123D"，下拉选择"保存"（Save）。

咔哒底座

先新建项目。找到"基本体"（Primitives），下拉选择"立方体"（Box）。

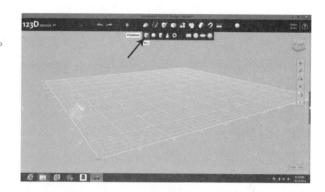

单击此按钮。将立方体拖动到屏幕左下方。输入 75，然后按 Tab 键。输入 125，然后按 Tab 键。输入 70。

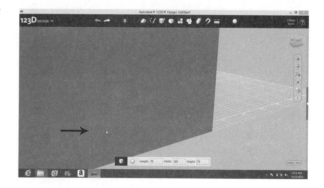

按回车键。光标移至视图立方块的"前"（Front）。

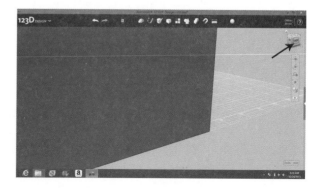

单击此处。找到"草图"（Sketch），在下拉项中选择"圆"（Circle）。

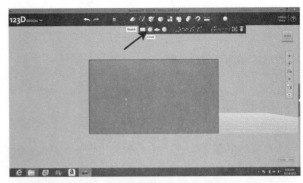

单击此按钮。光标移入矩形。单击左键。从左下角开始滑动光标，向右 50mm，向上 30mm（向右 10 格，向上 6 格。）单击左键。轻微滑动光标。

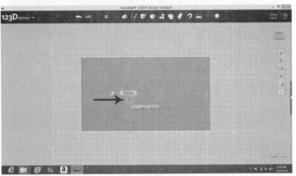

输入 16。

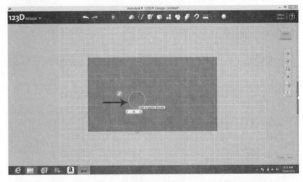

单击左键。选择"构建"（Construct），单击下拉项中的"挤出"（Extrude）。

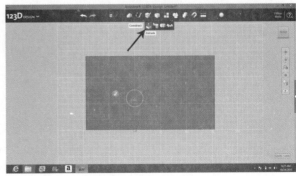

光标移入圆内。单击左键。

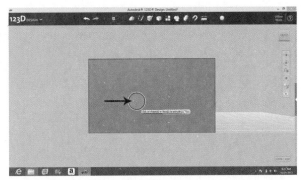

输入 -75，创建穿轮轴的孔。

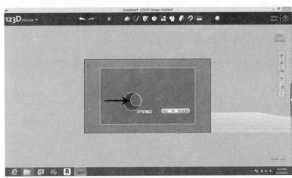

按回车键。光标移至视图立方块的左
箭头。

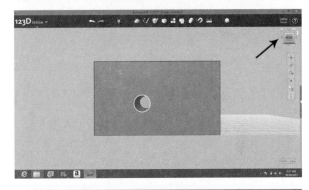

单击此处。滑动光标至"草图"
（Sketch），下拉选择"矩形"（Rectangle）。

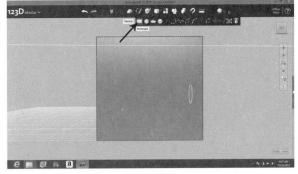

单击此按钮。光标移入矩形内。单击左键。从左下角开始滑动光标，向右 10mm，向上 30mm（向右 2 格，向上 6 格）。单击左键。向右滑动光标，再略微偏上。

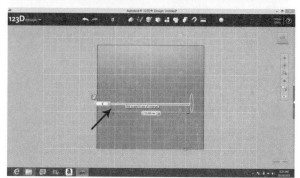

宽度（width）输入 55，然后按 Tab 键。输入 1。

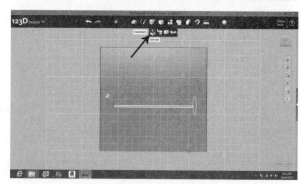

单击左键。选择"构建"（Construct），找到下拉项中的"挤出"（Extrude）。

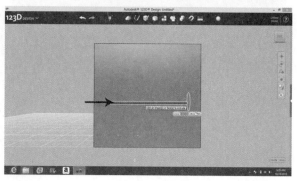

单击此按钮。光标移入刚绘制的狭长矩形内。单击左键。

输入 -10，创建位于正面的插槽。

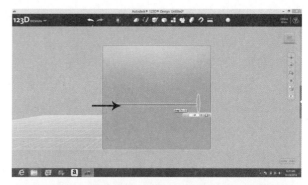

按回车键。移动光标至视图立方块的上箭头。

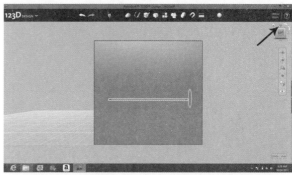

单击此处。滑动光标至视图立方块右上角，停留在指向左侧的箭头处。

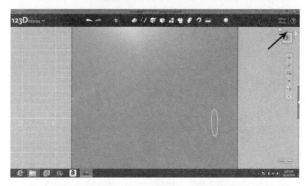

单击此处。滑动光标至"草图"（Sketch），下拉选择"矩形"（Rectangle）。

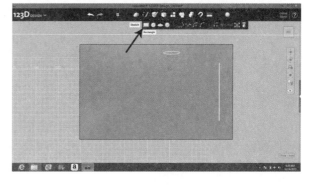

单击此按钮。光标移入矩形内。单击左键。

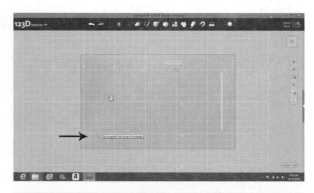

从左下角开始滑动光标，向右 5mm，向上 5mm（向右 1 格，向上 1 格）。不需要非常精确。单击左键。向右滑动光标，再略微偏上。

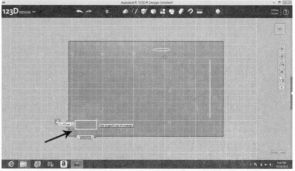

宽度（width）输入 115，然后按 Tab 键。输入 65。

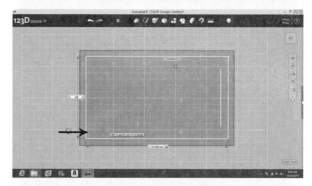

单击左键。选择"构建"（Construct），找到下拉项中的"挤出"（Extrude）。

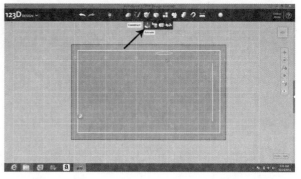

单击此按钮。光标移入内矩形中。单击左键。

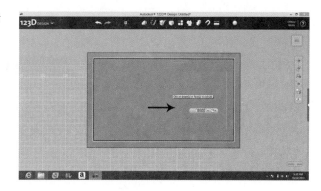

输入 -65，挖空内部。

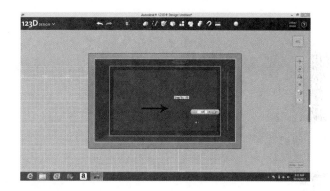

按回车键，移动光标到左上角"123D"。在下拉菜单中，选择"导出 STL"（Export STL），保存文件，用于打印。

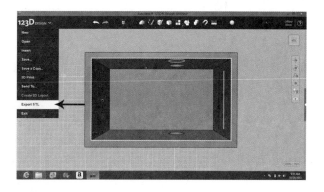

若要保存设计文件，移动光标到左上角"123D"，下拉选择"保存"（Save）。

轮子

先 新 建 项 目。找 到 "基 本 体"（Primitives），下 拉 选 择 "圆 柱 体"（Cylinder）。

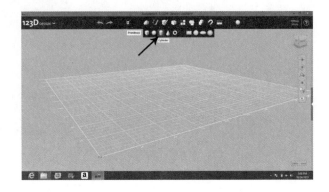

单击此按钮。将圆柱体拖到屏幕左下方。输入 50，然后按 Tab 键。输入 15。

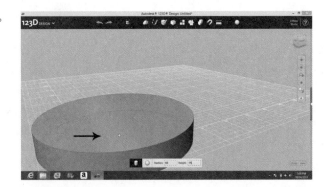

按回车键。光标移至视图立方块的 "顶"（Top）。

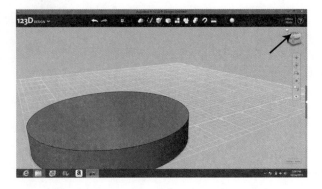

单击此处。光标移至"基本体"
（Primitives），下拉选择"圆柱体"
（Cylinder）。

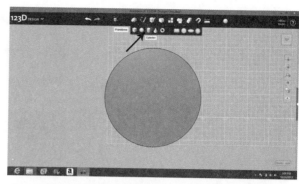

单击此按钮。将圆柱体拖到圆心（它会
"落实"到位）。

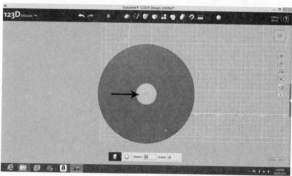

输入 12.5，然后按 Tab 键。输入 15。

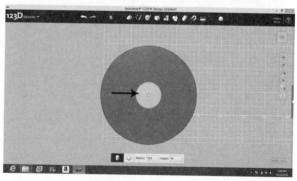

按回车键。找到"基本体"（Primitives），
下拉选择"圆柱体"（Cylinder）。

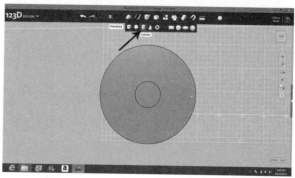

单击此按钮。将圆柱体拖到圆心。

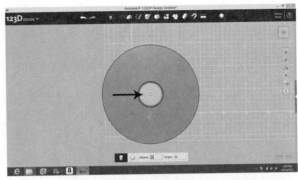

输入 7，然后按 Tab 键。输入 30。

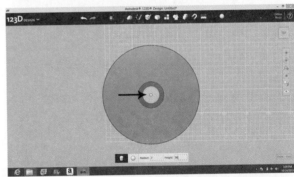

按回车键。移动光标至视图立方块的"默
认视图"（Home）。

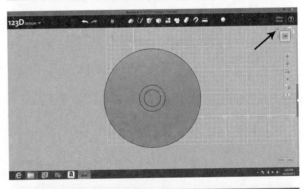

单击此处。找到"组合"（Combine）。

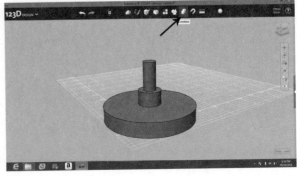

单击此按钮。光标移至轮轴顶部。

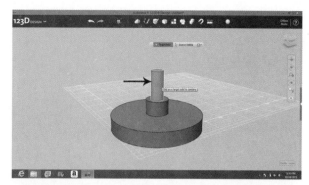

单击左键。移动光标至轮子组件的中间部分。

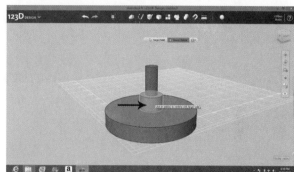

单击左键。光标移至轮子组件的底部。

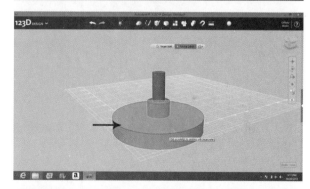

单击左键。按回车键，移动光标到左上角"123D"。在下拉菜单中，选择"导出STL"（Export STL），保存文件，用于打印。

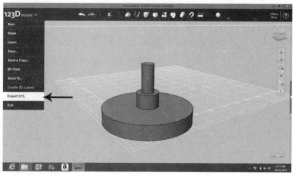

若要保存设计文件，移动光标到左上角"123D"，下拉选择"保存"（Save）。

发声桨轮

先新建项目。找到"基本体"（Primitives），下拉选择"圆柱体"（Cylinder）。

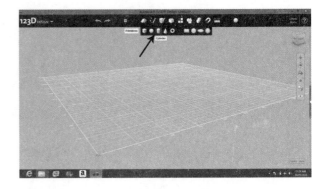

单击此按钮。将圆柱体拖到工作区域的左下方。输入 9，然后按 Tab 键。输入 50。

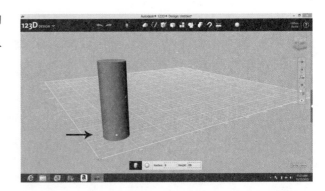

按回车键。光标移至视图立方块的"顶"（Top）。

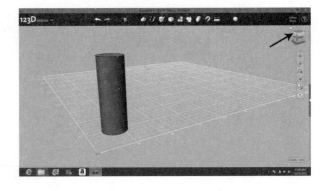

单击此处。滑动光标至"草图"
（Sketch），下拉选择"圆"（Circle）。

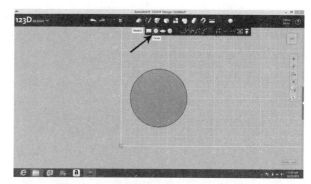

单击此按钮。光标移入圆内。单击左键。
光标移至圆心。单击左键。轻微滑动光标。

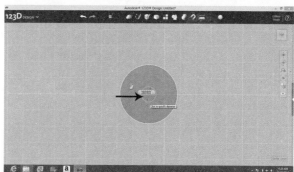

输入 14.5。

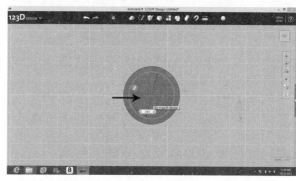

单击左键。选择"构建"（Construct），
找到下拉项中的"挤出"（Extrude）。

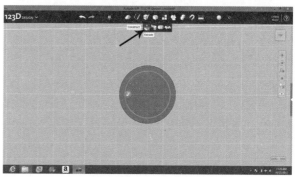

单击此按钮。光标移入内圆中。单击左键。

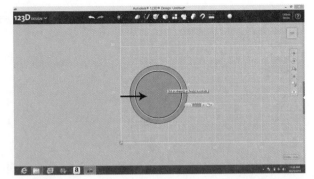

输入 -50，为轮轴创建空间。

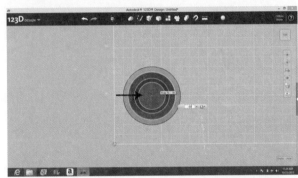

按回车键。单击"草图"（Sketch），在下拉项中找到"矩形"（Rectangle）。

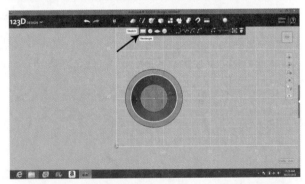

单击此按钮。光标移入最外层圆环处。

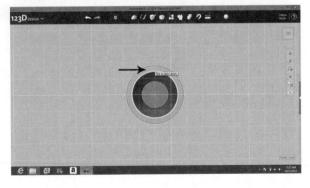

单击左键。停留在外层圆环内接近顶部的任意一点。单击左键。向上滑动光标，再略微偏右。

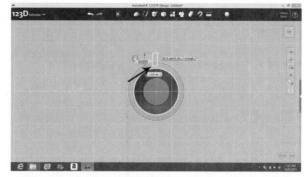

输入 2，然后按 Tab 键。输入 11。

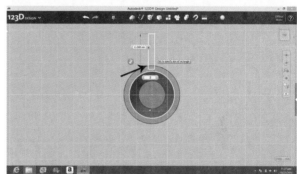

单击左键。光标移至外层圆环内的 3 点钟方向。单击左键。创建 1 个 2mm×11mm 的矩形。单击左键。

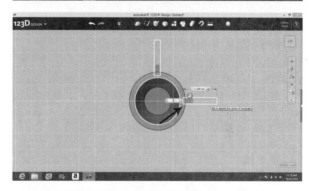

在 6 点钟和 9 点钟方向分别创建一个矩形。

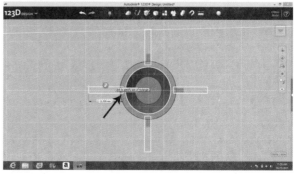

选择"构建"（Construct），找到下拉项中的"挤出"（Extrude）。

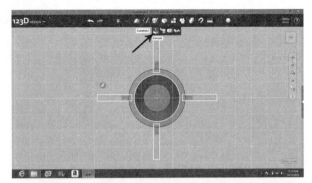

单击此按钮。光标停留在这 4 个矩形的其中 1 个内。单击左键。光标依次移至其余 3 个矩形内，并单击。

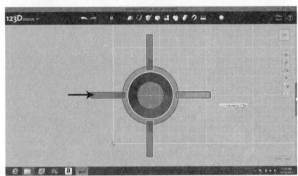

移动光标至白色文本框右端。单击左键。按退格键，清空所有数字和文字。

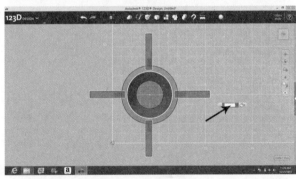

输入 -50。

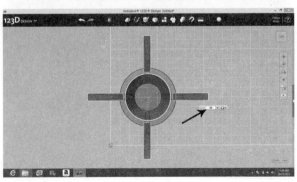

移动光标至输入"-50"的文本框右侧第 2 个黑色箭头处。单击左键。在下拉项中找到"合并"（Merge）。

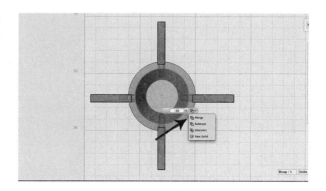

单击此选项。

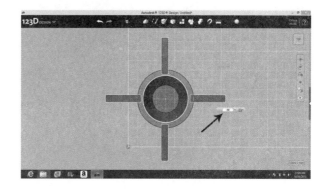

按回车键，移动光标到左上角"123D"。在下拉菜单中，选择"导出 STL"（Export STL），保存文件，用于打印。

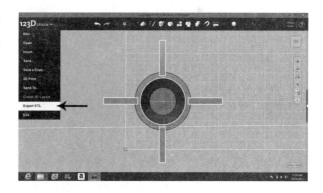

若要保存设计文件，移动光标到左上角"123D"，下拉选择"保存"（Save）。

轮子穿过底座两侧的孔洞。用发声桨轮连接轮轴。在正面插槽处插入 1 张名片，即可发出咔哒声。

顶部主要起到装饰作用，但光滑的表面便于小手抓取。

画上眼球，再加 2 点作为鼻子，玩具看上去更俏皮了。

用 SketchUp 设计小咔哒

顶部装饰

先新建项目。找到"相机"，然后下拉选择"标准视图"。找到"前视图"，然后单击。

找到"圆弧"图标，在下拉菜单中选择"两点圆弧"。单击此项。光标移动至红蓝线交汇处。按住左键不放。向右移动光标（停留在红线上）。输入 85，然后按回车键。向上滑动光标。输入 45，然后按回车键。松开左键。

找到"缩放"图标，并单击。转动滚轮，使圆弧撑满⅓屏幕（屏幕下方⅓区域）。

单击"直线"（左起第 3 个图标），然后从下拉菜单中找到"直线"，并单击。

滑动光标至圆弧左端（底部）。按住左键不放。光标滑动至圆弧右端（底部）。松开左键。屏幕上会出现 1 个白色半圆。

单击"直线"，在下拉项中找到"手绘线"。单击此项。滑动光标至圆弧顶部。按住左键不放。画眼柄——类似于第 230 页的形状。当指针碰到圆弧顶时，松开左键。白色眼柄绘制完成。

找到"推 / 拉"图标，并单击。

光标移入半圆底部⅓区域。按住左键不放，向上滑动光标。输入 140，然后按回车键。松开左键。

光标移入眼柄顶部⅓区域。按住左键不放，向下滑动光标。输入 30，然后按回车键。松开左键。

在眼柄内轻微移动光标。按住左键不放，向下滑动光标。输入 10，然后按回车键。松开左键。这会使眼柄正面与脸部形成一定偏移。

找到"形状 / 圆"图标，并单击。光标移入眼柄右端。按住左键不放，滑动光标。输入 5，然后按回车键。松开左键。

光标移入眼柄左端。按住左键不放，滑动光标。输入 5，然后按回车键。松开左键。

找到"推 / 拉"图标，并单击。

光标移入左圆。按住左键不放，向左滑动光标。输入 3，然后按回车键。松开左键。

光标移入右圆。按住左键不放，向右滑动光标。输入 3，然后按回车键。松开左键。

单击"相机"，然后下拉选择"标准视图"。找到"底视图"，然后单击。

选择"充满视窗"（Zoom Extents）图标，并单击。

找到"卷尺工具"图标，并单击。移动光标至左下角。按住左键不放，向右滑动光标。输入 5，然后按回车键。松开左键。指针移至刚确定的参考点。按住左键不放，向上滑动光标。输入 5，然后按回车键。松开左键。

找到"形状 / 矩形"图标，并单击。

指针移至刚确定的参考点。按住左键不放。向右滑动光标，略微偏上。输入 76,126。按回车键，然后松开左键。

找到"推 / 拉"图标，并单击。光标移入内矩形的上方⅓区域。按住左键不放，向下滑动光标。输入 5，然后按回车键。松开左键。

滑动光标到"选择"图标，并单击。单击"编辑"，然后在下拉项中找到"全选"。单击此按钮。

回到顶部菜单，找到"文件"，然后下拉选择"导出 STL"。单击此处。该文件可用于打印小咔哒的顶部。

若要保存设计文件，选择"文件"，然后单击"保存"。

底部

先新建项目。找到"相机"，然后下拉选择"标准视图"。找到"顶视图"，然后单击。

找到"形状 / 矩形"图标，并单击。

光标移至红绿线交汇处。按住左键不放。向右滑动光标，略微偏上。输入 125,75，然后按回车键。松开左键。

选择"充满视窗"（Zoom Extents）图标，并单击。

找到"推 / 拉"图标，并单击。光标移入矩形的下方⅓区域。按住左键不放，向上滑动光标。输入

70，然后按回车键。松开左键。

　　找到"卷尺工具"图标，并单击。移动光标至左下角。按住左键不放，向右滑动光标。输入 5，然后按回车键。松开左键。在当前点，按住左键不放，向上滑动光标。输入 5，然后按回车键。松开左键。

　　找到"形状 / 矩形"图标，并单击。光标移至刚标记的参考点。按住左键不放。向右滑动光标，略微偏上。输入 115,65，然后按回车键。松开左键。

　　找到"推 / 拉"图标，并单击。光标移入中央矩形的下方⅓区域。按住左键不放，向上滑动光标。输入 65，然后按回车键。松开左键。

　　找到"相机"，下拉选择"标准视图"，然后找到"左视图"，并单击。

　　选择"充满视窗"（Zoom Extents）图标，并单击。

　　找到"卷尺工具"图标，并单击。移动指针至左下角。按住左键不放，向右滑动光标。输入 10，然后按回车键。松开左键。在当前点，按住左键不放，向上滑动光标。输入 30，然后按回车键。松开左键。

　　找到"形状 / 矩形"图标，并单击。光标移至刚标记的参考点。按住左键不放。向右滑动光标，略微偏上。输入 55,1，然后按回车键。松开左键。

　　找到"推 / 拉"图标，并单击。移动光标，直至狭长矩形布满小黑点。按住左键不放，略微向上滑动光标。输入 5，然后按回车键。松开左键。

　　找到"相机"，下拉选择"标准视图"，然后找到"前视图"，并单击。

　　找到"卷尺工具"图标，并单击。移动光标至左下角。按住左键不放，向右滑动光标。输入 50，然后按回车键。松开左键。在当前点，按住左键不放，向上滑动光标。输入 30，然后按回车键。松开左键。

　　找到"形状 / 圆"图标，并单击。移动光标至刚标记的参考点。按住左键不放，略微滑动光标。输入 8，然后按回车键。松开左键。

　　找到"推 / 拉"图标，并单击。光标移入圆下方⅓区域。按住左键不放，略微向上滑动光标。输入 5，然后按回车键。松开左键。

　　找到"相机"，下拉选择"标准视图"，然后找到"后视图"，并单击。

　　找到"卷尺工具"图标，并单击。移动光标至右下角。按住左键不放，向左滑动光标。输入 50，然后按回车键。松开左键。在当前点，按住左键不放，向上滑动光标。输入 30，然后按回车键。松开左键。

　　找到"形状 / 圆"图标，并单击。移动光标至刚标记的参考点。按住左键不放，略微滑动光标。输入 8，然后按回车键。松开左键。

　　找到"推 / 拉"图标，并单击。光标移入圆内。按住左键不放，略微向上滑动光标。输入 5，然后按回车键。松开左键。

　　滑动光标到"选择"图标，并单击。单击"编辑"，然后在下拉项中找到"全选"。单击此按钮。

　　回到顶部菜单，找到"文件"，然后下拉选择"导出 STL"。单击此处。该文件可用于打印小咔哒的底座。

若要保存设计文件，选择"文件"，然后单击"保存"。

轮子

先新建项目。找到"相机"，下拉选择"标准视图"，然后找到"顶视图"，并单击。

找到"形状 / 圆"图标，并单击。

将光标移至红绿线交汇点。按住左键不放。轻微滑动光标，然后输入 50。按回车键，然后松开左键。

选择"充满视窗"（Zoom Extents）图标，并单击。

找到"推 / 拉"图标，并单击。光标移入圆下方⅓区域。按住左键不放，向上滑动光标。输入 15，然后按回车键。松开鼠标。

找到"形状 / 圆"图标，并单击。

移动光标至圆心。按住左键不放，轻微滑动光标。输入 12.5，然后按回车键。松开鼠标。

移动光标至圆心。按住左键不放，轻微滑动光标。输入 7，然后按回车键。松开鼠标。

找到"相机"，下拉选择"标准视图"，然后找到"等轴视图"，并单击。

找到"推 / 拉"图标，并单击。移动光标，使最小的那个圆（最接近圆心的那个）高亮显示。按住左键不放，向上滑动光标。输入 45，然后按回车键。松开鼠标。

光标往外移动，停留在相邻的那个圆，使其高亮显示。按住左键不放，向上滑动光标。输入 15，然后按回车键。松开鼠标。

滑动光标到"选择"图标，并单击。单击"编辑"，然后在下拉项中找到"全选"。单击此按钮。

回到顶部菜单，找到"文件"，然后下拉选择"导出 STL"。单击此处。该文件可用于打印小咔哒的 1 只轮子。

若要保存设计文件，选择"文件"，然后单击"保存"。

发声桨轮

先新建项目。找到"相机"，下拉选择"标准视图"，然后找到"顶视图"，并单击。

找到"形状 / 圆"图标，并单击。将光标移至红绿线交汇点。按住左键不放。轻微滑动光标。输入 9，然后按回车键。松开左键。

选择"缩放"图标，并单击。转动鼠标滚轮，使圆足够大，便于后续操作。

找到"形状 / 圆"图标，并单击。光标移动至圆心。按住左键不放。轻微滑动光标。输入 7.25，然后按回车键。松开左键。

找到"选择"图标，并单击。光标移入小圆内。单击左键。单击"编辑"，然后在下拉项中找到"删除"，并单击。

找到"推／拉"图标，并单击。光标移入蓝色半圆。按住左键不放，向圆心滑动光标。输入 50，然后按回车键。松开鼠标。

找到"形状／矩形"图标，并单击。将光标移入白色半圆内，停留在 12 点的位置。按住左键不放。向圆外滑动光标，略微偏右。输入 11,2，然后按回车键。松开左键。以同样的方式，在 3 点钟、6 点钟、9 点钟的位置各建一个矩形。

找到"推／拉"图标，并单击。光标移入 4 个矩形的其中 1 个内。按住左键不放，向圆心轻微滑动光标。输入 50，然后按回车键。松开光标。对其余 3 个矩形执行相同的操作。

滑动光标到"选择"图标，并单击。单击"编辑"，然后在下拉项中找到"全选"。单击此按钮。

回到顶部菜单，找到"文件"，然后下拉选择"导出 STL"。单击此处。该文件可用于打印小咔哒的发声桨轮。

若要保存设计文件，选择"文件"，然后单击"保存"。

3D 扫描仪

作为新技术，3D 扫描仪目前的售价低于 400 美元。拥有 1 台 3D 扫描仪后，你可以用黏土捏出造型，然后扫描、修改，进行 3D 打印。举例来说，我用黏土捏出玩具屋灯座（下图中），然后扫描并打印（下图右），再将灯座缩小成玩具大小（下图左）。

复杂物品（如果细节部分不是非常精细的话）可以先扫描，再经软件处理进行组合。例如，我扫描了 1 个贝壳，然后与指环相结合（类似于本书中的戒指）。可以在 TinkerCad（免费软件）中分别打开扫描的贝壳与指环 STL 文件，进行组合。只需上传贝壳和指环文件（.stl），然后拖动成你想要的造型。合并文件，导出，就能打印了。

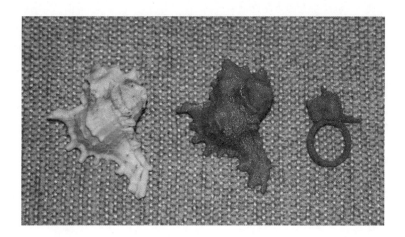

你甚至可以扫描自己的脑袋，把它拼接到玩偶身上。想象一下，制作1组家人头像的玩偶，是不是很酷！

开始独立创作

既然你已经能设计、制作属于自己的作品，那么我建议你先为自己的作品绘制正面、侧面、顶部草图。在草图上标记尺寸，便于了解切除或拉伸的长度。丈量过程中，卡尺非常好用（成本不到15美元）。

想方设法让各组件互相协调。如果想要为螺栓凿个洞，那洞要略大于螺栓。根据打印机的精度，以及你对紧密度的要求，需要进行几轮试验与调整。

打印出自己的作品。当你把它捧在手心的时候，那些有待改进之处就会显而易见。重新打开设计文档，修改，再打印。

现在，你已经加入到制造业的下一场工业革命中。